〈全民阅读·经典小丛书〉

最伟大的励志经典

ZUI WEIDA DE LIZHI JINGDIAN

冯慧娟 编

吉林出版集团股份有限公司

版权所有　侵权必究

图书在版编目（CIP）数据

最伟大的励志经典 / 冯慧娟编 . —长春：吉林出版集团股份有限公司，2016.1

（全民阅读 . 经典小丛书）

ISBN 978-7-5581-0141-0

Ⅰ . ①最… Ⅱ . ①冯… Ⅲ . ①成功心理－通俗读物 Ⅳ . ① B848.4-49

中国版本图书馆 CIP 数据核字 (2016) 第 031299 号

ZUI WEIDA DE LIZHI JINGDIAN

最伟大的励志经典

| 作　　者：冯慧娟　编 |
| 出版策划：孙　昶 |
| 选题策划：冯子龙 |
| 责任编辑：赵晓星 |
| 排　　版：新华智品 |
| 出　　版：吉林出版集团股份有限公司 |
| 　　　　　（长春市福祉大路 5788 号，邮政编码：130118） |
| 发　　行：吉林出版集团译文图书经营有限公司 |
| 　　　　　（http://shop34896900.taobao.com） |
| 电　　话：总编办 0431-81629909　　营销部 0431-81629880 / 81629881 |
| 印　　刷：北京一鑫印务有限责任公司 |
| 开　　本：640mm×940mm 1/16 |
| 印　　张：10 |
| 字　　数：130 千字 |
| 版　　次：2016 年 7 月第 1 版 |
| 印　　次：2019 年 6 月第 2 次印刷 |
| 书　　号：ISBN 978-7-5581-0141-0 |
| 定　　价：32.00 元 |

印装错误请与承印厂联系　电话：18611383393

前言
FOREWORD

　　成功的人都是相似的，不成功的人则各有各的不同。我们都想克服弱点，发挥优势，获取成功。这其中，最简单、最直接、最快速的办法，就是学习成功者的经验，培养成功者必备的素质。

　　本书编录了全球著名的9位成功学大师的10部经典要义，适合所有渴望成功并正在为之努力的人阅读学习——

　　《思考致富》教你如何达到财富的顶点。

　　《富爸爸，穷爸爸》告诉你要让金钱为自己工作，最终达到财务自由的最高境界。

　　《细节决定成败》精辟地指出，想成就一番事业，必须从细微之处入手。

　　《高效能人士的七个习惯》帮助你在繁忙工作和个人生活的二维空间自由出入。

　　《人性的弱点》帮你解决人际交往中的问题。

　　《一生的资本》告诉你，即使很贫穷，也可以利用自己的智慧、学识和社会关系取得成功。

　　《世界上最伟大的推销员》告诉你如何推销自己，如何激励自己并获得成功。

最伟大的励志经典

《羊皮卷》帮助你全方位塑造自我、完善自我。

《谁动了我的奶酪》使成千上万的人发现了生活中的简单真理。

《致加西亚的信》阐明了一种流传百年的管理理念和工作方法,揭示了实现企业发展和个人成功双赢的真谛。

以上10本书是成功学大师们的经典之作,蕴涵着无穷的智慧和力量,曾改变了无数人的行为方式和思维模式。无论你是谁,无论你从事什么职业,你都能从中找到鼓舞人心的东西。

目录
CONTENTS

思考致富 / 009

激发成功的欲望 / 010
树立成功的信心 / 012
信念暗示成功 / 014
升华知识，构筑成功 / 016
想象，助力成功 / 017
恒心、毅力，通向成功 / 018

富爸爸，穷爸爸 / 021

让钱为自己工作 / 022
了解财务知识，分清资产和负债 / 025
关注自己的事业 / 029
学会投资 / 031
知识要全面化 / 032

细节决定成败 / 035

细节的重要性 / 036
差距源自细节 / 039
忽视细节的代价 / 041
细节的实质 / 043

最伟大的励志经典

从细节做起 / 044

高效能人士的七个习惯 / 049

积极主动——个人愿景的原则 / 050
以终为始——自我领导的原则 / 052
要事第一——自我管理的原则 / 054
双赢思维——共同获利的原则 / 055
知彼解己——有效沟通的原则 / 058
统合综效——创造性合作的原则 / 059
不断更新——平衡的自我更新原则 / 061

人性的弱点 / 065

与他人愉快相处的三个技巧 / 066
这样做，别人才会喜欢你 / 069
让人同意你的妙招 / 071
巧妙地说服别人 / 074
使你的家庭生活更快乐 / 077

一生的资本 / 081

让梦想为人生引航 / 082

目录
CONTENTS

把握成功的机遇 / 083
成功需要努力 / 085
追求尽善尽美 / 086
培养正直的品格 / 088
诚信，成功之基 / 089
保持头脑镇定 / 091

世界上最伟大的推销员 / 095

战胜失败，重新再来 / 096
拥有爱心，成就未来 / 099
坚持不懈，方能成功 / 101
重视自我，实现价值 / 103
珍惜今天，把握现在 / 104

羊皮卷 / 107

了解情绪，控制情绪 / 108
笑遍世界，笑对人生 / 110
重视自己，发掘价值 / 112
立即行动，绝不拖延 / 113
坚定信念，永不放弃 / 115

最伟大的励志经典

谁动了我的奶酪 / 117

奶酪的故事 / 118
承认变化,做好准备 / 122
预见变化,随时追踪 / 124
面对变化,简单行事 / 126
适应变化,调整自我 / 127
拥有希望,克服恐惧 / 128
敢于冒险,克服困境 / 130

致加西亚的信 / 133

罗文的故事——把信送给加西亚 / 134
人人都需要成为罗文 / 137
主动地去工作 / 138
和你的公司、老板站在一起 / 140
不要只为了薪水而工作 / 142
热爱自己的工作 / 145
全心全意,尽职尽责 / 148
克服拖拉的坏习惯 / 150
每天多做一点 / 152
对工作和上司心怀感恩 / 154

思考致富

·最伟大的励志经典·

传世理由

美国成功学大师拿破仑·希尔集成功哲学之大成的经典著作；

畅销世界60年，销量超过3000万册；

激励爱迪生、福特、罗斯福等众多名人的成功秘诀；

一种会给教育制度带来革命的伟大励志书；

成功受到其引导的人遍及全球。

经典要义

激发成功的欲望

拿破仑·希尔的成功学研究表明，成功的人都拥有相同的特质，他们都拥有强烈的成功欲望。如果说梦想是迈向成功的蓝图，那么欲望就是迈向成功的动力。

"欲"，实际就是一种目标，一种理想。当一个保育员拿着一瓶牛奶走进一个躺着众多婴儿的房间，她会先把奶瓶塞进谁的嘴里？通常她会塞进哭得最凶的孩子嘴里，因为孩子用自己的哭声表达了自己的欲望。

希尔告诉我们，强烈的欲望是成功的原动力，是希望之火、奋斗之神、行动之力。欲望越强，产生的动能越强，越能克服困难并获得成功。也只有那些能够产生强烈愿望的人，才能走向伟大。所以，人因梦想而伟大。飞机上天、火车奔驰、灯泡发光、千里无线通话，都源于梦想和欲望。

希尔给我们举了个例子：很多年前，埃德温·巴恩斯有了个强烈的愿望——与爱迪生共事。但他有两大难题需要解决：第一，他不认识爱迪生；第二，他买不起去新泽西州奥兰治的火车票。这两个难题足以让许多人心生退意，但执着而又坚定的巴恩斯没有放弃。没有钱买火车票，他就偷偷搭乘货运火车到新泽西州奥兰治，然后四处打听并一路步行，最终找到了爱迪生的办公室。他见到爱迪生的时候，全身上下破破烂烂，看起来就像个流浪汉，但眼里却燃烧着热情的火焰。看着他兴奋

而又坚定的眼神，爱迪生给了他一份薪水微薄的办公室工作。他高兴极了，虽然没有完全得到肯定，但这离他的梦想已经非常接近了。后来，他终于实现了自己的理想，成了爱迪生事业上的伙伴。《思考致富》一书对巴恩斯的这一行动做了这样令人信服的评论："如果一个人确立了明确的目标，并且矢志不渝地去追求，就会创造一个完全不同的人生。"

所以，如果你想拥有财富，想出人头地，想获得社会地位，想得到别人的尊重，首先就要有强烈的欲望。说起欲望，有人觉得很庸俗，甚至一些成功者亦不愿提及这样的字眼儿，特别是一涉及钱就变得很敏感、很排斥。其实完全不必如此，禁"欲"的时代早已经结束，如果你想成功，就必须激发自己的欲望。

希尔说，成功需要有"我一定要"这种志在必得的欲望，需要坚定的信念和顽强的毅力。世界永远会把目光聚焦在成功者身上，这是不容置疑的事实。因此，请你用生命的全部力量大声呐喊："我要成功，我一定要成功！"只要你的呐喊发自内心，这个世界就会被震撼。

你必须而且一定要全力以赴！否则，你只能挑别人剩下的。不想要，或想要而不够强烈，是人们不能成功的重要原因。而一旦有了强烈的需要，你生命的能量就会爆发。

树立成功的信心

人们常说："这个世界是由信心创造出来的。"这话不假。力量是成功之母，信心是力量的源泉。一旦有了坚定持久的信心，人就能迸发出强大的、不可思议的力量。

希尔在书中向我们强调了信心的重要性。他说，如果你渴望获取财富，拥有足够的信心就是你的起点。

有的人在工作、学习和生活中常常害怕失败，其实，这是不自信的表现。想着失败，那就一定会失败！要增强信心，有很多方法，例如，可以在每天清晨对着窗外大喊几声"我能够……""我一定……""我能行！"等能够增强自信的口号。日本有位作家在缺少灵感或情绪低落时，便会对着旷野大声呼喊："我是天才！我是天才！"

成与不成，取决于信心。持久坚定的信心，是成功的保证。有志者，事竟成。一些成功人士之所以能够成功，必胜的信心是他们的秘诀和依靠。

在许多成功者的身上，我们都可以看到超凡的信心起到的巨大作用。这些事业成功的人，在信心的驱动下，敢于对自己提出更高的要求，并在失败的时候看到希望，最终获得成功。在通往成功的路上，信心是你必不可少的工具，它可以帮助你走过一条条不平坦的道路，它可以帮助你铲除阻碍前进的荆棘。

希尔说，在每一个成功者或巨富的背后，都有一股巨大的力量——信心在支持和推动他们向自己的目标迈进。信心是所有伟大成就的重要因素，它对于立志成功者具有重要的意义。

一个人能否成就一番事业，关键在于这个人是否有足够的信心，让自己在成就事业之路上勇往直前。很多人之所以没有取得预想中的成就，很大程度上是因为自己的信心之门一直未能打开。而开启信心之门的，则是我们的欲望和动机。信心之门开启的幅度，必须视欲望或动机的强度而定，只有强烈的欲望才能完全打开信心之门。

信心的力量是取之不尽、用之不竭的，它是可以无止境循环使用的一种资源。每个人都可以很容易地取得信心而不必支付任何费用，只要你想，就可以自由地使用信心。

总之，你可以完全控制自己的思想，充分运用信心的力量，挣脱心中的种种束缚，促使自己完成计划，实现目标，达成愿望，取得成功。

没有信心，哪来行动？没有行动，哪来成功？现实生活中，我们好多人缺少的恰恰就是信心。在困难面前总觉得压力太大，这也办不到，那也不可能，一开始就把自己的路堵死，把自己的思想禁锢在狭窄的牢笼之中。凡困难当前，应为自己多鼓气，应树立信心，相信自己一定能想办法克服困难、战胜困难！每个人的悟性都差不多，谁也不比谁强多少！

不要因为有些事情难以做到就失去信心，在致富的道路上，更需要我们有信心、恒心和决心，才能不断战胜困难，实现自己发家致富的理想。

信念暗示成功

自有人类以来，不知有多少思想家、传教士和教育者都一再强调信心与意志的重要性，但他们都没有明确指出：信心与意志是一种心理状态，是一种可以用自我暗示诱导和修炼出来的积极的心理状态！成功始于觉醒，心态决定命运！对于这一点，希尔在书中有详细的论述。

事实上，自我暗示对人的心理作用很大，积极的自我暗示可改变人的精神面貌，提高学习和工作成绩，减少很多的生理及心理疾病，甚至可以使绝症病人重获新生。这样的例子举不胜举，世界各大权威媒体都有过类似的报道。国外有一种治疗癌症的独特心理疗法叫作"内视想象疗法"，即让病人想象自己的白细胞正在不断地击败入侵的癌细胞。有的患者靠这种方法使病情得到控制。这实际上就是一种自我暗示疗法。

有人曾说："一切的成就，一切的财富，都始于一个意念。"我们还可以再说得浅显全面一些：你习惯于在心理上进行什么样的自我暗示，就是你贫与富、成与败的根本原因。自信的来源和结果就是经常进行积极的自我暗示。反之也一样，消极心态、自卑意识，就是经常进行消极的自我暗示的结果。

因而，我们一直强调，发展积极心态、走向成功的主要途径是：坚持进行积极的自我暗示，去做那些你想做而又不敢做的事情，尤其要把羞于自我表现、惧怕与人交际，改变为敢于自我表现、乐于与人交际！

这就是说，不同的意识与心态会有不同的心理暗示，而心理暗示的不同也是形成不同意识与心态的根源。心态决定命运就是以心理暗示决定行为这个事实为依据的。

因此，当我们参加某种活动或面临竞争时，注意不要受到消极的环境暗示、言语暗示和他人的行为暗示的影响，而应适当用积极的自我暗示法使自己产生勇气、产生自信，争取意想不到的效果。

升华知识，构筑成功

人类自诞生以来，无时无刻不在进行着知识的积累，从茹毛饮血的远古到高度文明的当代，每一次社会进步，无不显示出知识的巨大作用。知识的进步，推动了历史的发展，促进了人类文明的进步。

今天，掌握知识"用脑成功的知识经济时代"已经来临，占领自然资源"用脚成功的时代"和拥有资本、生产力"用手成功的时代"已离我们而去。在知识经济时代，谁掌握了知识并能率先用于实践，谁就能成为21世纪真正的赢家。正如华人世界成功学第一人陈安之所说："一个人要成功，他的知识非常重要！一个人能成功，就是他的知识比我们更丰富！"

但是，头脑中堆积了大量知识的人并不一定是成功的人，甚至有可能是一个书呆子。他们可能掌握了一堆无用的垃圾知识或过时的知识，却不知道哪些是真正有价值的知识。这种人除了在职称、文凭等方面取得所谓的成功外，在对社会贡献等方面很难称得上成功。

有些人没有足够的书本知识，比如李嘉诚，他没有读过大书，也不具有科班的博士学历或教授职称，但他却非常重视人才、重视知识。他不断投资办学，将各类对企业有用的人才高薪网罗至自己门下，办大量的知识密集型企业。还有少数精英阶层的专业人士，比如柳传志，他们自身拥有足够多的知识，又善于利用懂知识的人，所以才有了今天的"联想"。而在当今中国，可能最缺的就是这类善于利用"懂知识的人"的人。

知识不会引来财富，除非加以组织，并以实际的行动计划精心引导，才能实现累聚财富的确切目标。说到底，知识只不过是潜在的力量，只有在经过组织之后，它才变成了切实的行动计划，才能导向确切的目标。

"知识改变命运，学习创造未来"的前提正是：将知识升华为智慧！只有这样，才能获得真正意义上的持续的成功，才能使"在快乐中成功、在幸福中富有"成为可能。

想象，助力成功

爱因斯坦曾说："想象力比知识更重要，因为知识是有限的，而想象力凝聚着世界上的一切，推动着进步且是知识进步的源泉。"

希尔说，想象力是人类草拟所有计划乃至成形的工作场所。借助心灵的想象能力，各种渴望便有了形质，并且能付诸行动。

还有句话说：人类可以创造出任何想要得到的东西。

想象力是人类独具的禀赋。人可以利用想象去设定不同的目标，根据目标去实现理想。

想象在人的社会实践中具有巨大的推动作用。在人类的劳动过程中，通过想象可以看到未来的结果，并且以它来指导生产过程。想象在人的智力活动中起着重要作用。没有想象，记忆将衰退，思维难以拓展，情感必然平淡。没有想象，世界将如一潭死水。

希尔举例说，过去这些年来，人类借助想象能力，已经拥有了一些驾驭大自然的力量，这是有史以来闻所未闻的。借助于想象力，人类已彻底征服了天空，让飞行不再是鸟类的专利；借助于想象力，人类可以在相隔百万英里之外，分析计量出太阳的组成元素；借助于想象力，人类提高了火车的速度，如今可以以每小时百英里以上的速度疾行飞驰。

想象是人类特有的行为。插上想象的翅膀，人类可以把社会改造得更加美好。人类离不开想象，想象是开发潜能的重要手段、技巧和方法，是开启成功之门的一把金钥匙。一些人的成功，不是始于实践，而是始于想象。

展开想象的翅膀，开启属于你的成功之门！

恒心、毅力，通向成功

记得曾经有人这样说过：恒心与毅力是成功的不二法门。这话说得很对，如果一个人做事没有恒心、毅力，那他做事必定不会成功。一件事如若不能善始善终，我也不会成功，就好像古人说的"为山九仞，功亏一篑"。所以说，不能坚持到底也就一事无成。

人有恒心万事成，人无恒心万事崩。

希尔反复向我们说明：做事一定要有恒心。所以，我们做事情要本着要么不做、要么坚持到底的精神。

人的一生应该是奋斗的一生。而现实生活中，人们朝着目标奋斗，却往往是三分热情、七分冷漠抑或灰心，而成功往往赐予有恒心和有毅力的人们。

有了恒心和毅力，我们成功的道路就会变得宽敞、明亮。同时恒心和毅力不仅使我们的生活变得充实，而且还让我们在奋斗中感受到快乐。所以，我们只有在奋斗中坚持不懈，才会取得成功的硕果。

居里夫人17岁时，由于生活困难，给人家当家庭教师。她把辛辛苦苦挣来的工资寄给姐姐，并帮助姐姐到巴黎医学院读书。六年后，姐姐毕业又转过头来帮助妹妹，使她也得以到巴黎深造。她在巴黎大学读书的时候，生活非常贫苦。为了节约房租，她租了一个顶楼的小阁楼。夏天，小阁楼不透风，房间里又闷又热；冬天，阁楼又不御寒，脸盆里的水都结冰了。

但居里夫人从没有为这些叫过苦。在她单薄的身子里，燃烧着对知识的渴望，只有知识的富足才能让她喜悦。为了节省灯油，她每天在图书馆待到关门，然后才回去点油灯继续读书。她当家庭教师时，曾在给姐姐的信中这样写道："我们的生活都不容易，但是那有什么关系？我们必须有恒心，尤其要有信心！我们必须相信，我们的天赋是要用来做某事的，无论代价多么大，这件事情必须做到。"

就这样，她坚忍不拔地奋斗着、追求着……什么困难都挡不住她那颗上进的心，什么时候她都生活在充实快乐中。最后，她成功了，成了备受世界瞩目的伟人。

在这个故事中，我们看到了恒心和信心的力量，更体会到了希尔在写这本书时的激情和渴望。我们知道，无论客观条件多么恶劣，只要我们有决心、有信心，并坚持到底，我们就一定会有所成就。

成功，靠的不是力量而是恒心和毅力。做任何事都要经受得起挫折，要有恒心和毅力，绝不能半途而废，坚持到底最重要。希尔希望我们牢记这一点，然后以巨大的恒心与毅力去改变我们的生活。

权威读本

[美]拿破仑·希尔. 思考致富. 曹爱菊, 译. 北京：中信出版社, 2003.

富爸爸，穷爸爸

·最伟大的励志经典·

传世理由

世界最热销的书籍之一；

美国财商教育专家罗伯特·清崎的代表作；

所有人通向财务自由之路的起点；

以小说笔调写就的真实故事。

经典要义

让钱为自己工作

你为什么是穷人？为什么同样从学校毕业，有人最终成了百万富翁，有人却还在穷困的泥潭里挣扎？罗伯特告诉我们，穷人和富人较为重要的区别是：第一，穷人买进负债，富人买进资产。什么是负债？负债就是那些让你口袋里的钱变少的东西。什么是资产？资产就是那些让你口袋里的钱增多的东西。一件东西既可以是资产，也可以是负债。例如，你买了一套房子自己住，这套房子就是负债；但是，如果你把这套房子出租给别人住，那么这套房子就是资产。第二，穷人为钱而工作，富人让钱为他工作。穷人为了多赚钱，努力工作，结果成了钱的奴隶；富人不断投资，让钱为他工作，用钱生钱，结果成了钱的主人。

有这样一个故事，它很好地向我们展现了穷人变成富人的财富之路。

1981年，向云出生在湖南东部一个贫穷的小山村。在他童年的记忆中，全家人从来没有穿过新衣服，整日过着为钱发愁的日子。2000年，他高中毕业考取一所专科学校，却因筹不到学费而放弃，只好带着母亲借来的50元钱，搭汽车到广东中山市一个名叫南头的偏僻小镇找工作，从此开始了他极为艰难的"夹缝之中求生存"的生活。

开始时，他通过一位老乡的介绍，到一家电器厂打包，尽管每天都有干不完的活儿，经常加班到凌晨一两点钟，在赶货的时候，通宵加班也是常事，整天累得直不起腰来。但当他拿到285元的月薪时，心里还是特别激动，因为这毕竟是自己生平第一次凭劳动拿到了这么多的钱啊！

然而，在与别人的闲谈中得知，他们的车间主任月工资5000元，另外还有2000多元的奖金之后，他的头都要炸了。一个月7000多元，工资是他的几十倍，而且人家是8小时按时上下班，自己却要天天起早贪黑地加班。再一细打听得知，虽然那位车间主任只有26岁，比自己大不了多少，但人家是名牌大学的毕业生，精通计算机，所以才有这个职位及优厚待遇。向云突然明白了一个道理：挣钱也有一定的诀窍，应该让钱为自己找工作；先花点钱充实自己，武装自己，把钱变成手中的工具，这样才能驾驭钱，以赚取更多的钱。

于是，他狠了狠心，拿出了一个月285元的工资，报名参加了一个电脑培训班。由于他学会了电脑操作，所以，被调到车间办公室当统计员，这使他从车间流水线的工人一跃成为写字楼的干部，月薪也涨到了600元。由于他一边工作，一边刻苦学习，渐渐成了公司的电脑行家。后经车间主任介绍，他又来到东莞一家电脑公司工作，月薪是4500元。

按理说，一年下来也有五六万元的收入，应该知足了，但向云觉得，把钱存在银行里，对自己来说那是死钱，为什么不能把它变成活钱呢？得继续让钱为自己找工作。于是，他离开了这家公司，注册了一家电脑耗材公司，一年下来，净赚了200万元。向云并未被成功冲昏了头脑，他意识到必须继续学习，要不然，现在拥有的一切在不久的将来也会灰飞烟灭。他又拿出10万元去学习企业管理。通过自己的不懈努力，终于拿到了一张MBA的硕士学位证书，并和朋友成立了一家电脑公司，做起了更大的事业。

向云，一个只有高中文化程度的农村贫困家庭的青年，为什么在几年之间就能取得如此辉煌的成绩，使自己从一个穷光蛋变成了富翁？一是他不满足于眼前所取得的一点小成绩、小进步；二是不当守财奴，而是不断把死钱变成活钱，让钱为自己找工作，让钱为自己生钱；三是不自满，不断学习新知识，精通新业务，懂得"问渠哪得清如许，为有源头活水来"的哲理。所以，他成功了。

我们要努力工作挣更多的钱来过上灿烂的生活，但我们不能等着那些钱去花天酒地，或是变成一个现代的葛朗台。拿出你的钱，为自己做些规划，努力提高技能，为自己充电，让钱为自己工作，这样你就开了一家"人生银行"。转变自己的观念，你的人生才会更丰富精彩，因为你挖掘到了赚钱的源泉。

了解财务知识，分清资产和负债

穷爸爸接受了高等教育，虽然工作体面，薪水不菲，却终身面临财务困境；富爸爸中学就辍学了，却因为有正确的金钱观念和超人的理财技能及商业才干，成了一个亿万富翁。

社会上有许多受过高等教育的人通过自己的努力奋斗获得了成功，却最终发现自己始终在财务问题上纠结。他们试图通过努力工作来摆脱自己的经济困境，但一次又一次的尝试后，他们还是陷在财务困境的泥潭中不能自拔。造成这种困境的根本原因是他们缺乏必要的财务知识。从小到大，他们所受的教育不是教他们如何挣钱，而是教他们如何花钱。这就产生了所谓理财态度的问题——挣了钱之后该怎么办呢？是马上把钱变成自己渴望的东西，还是一文不动地存入银行？怎样才能让钱为自己工作？

大多数人不明白为什么他们会身处财务困境，因为他们不明白"现金流"。一个人可能受过高等教育而且事业成功，但他一样有可能是财务上的"文盲"。

富人之所以富是因为他们比那些挣扎于财务问题的人在某方面有更多知识，所以，如果你想致富并保住你的财富，财务知识对你而言十分重要，包括对文字和数字的理解。

富爸爸教授给了罗伯特和迈克在学校里学不到的知识——财务知识，这些知识成了两个孩子后来获取巨大财富的牢固基础，使得他们在后来的人生道路上拥有了足够多的财富来供自己支配而不用担心财务出现问题。

不想受财务问题的困扰，就一定要学习财务知识。这就像盖楼需要打地基一样，地基是基础，缺少了它，任何房子都盖不起来。很多人想学绘图，就会去买教材；想学做饭，就会买来很多烹饪的图书或光碟；想缝制衣服，就自然会找很多关于裁剪的资料。但是有很多人想建立财富的高楼大厦，却不想学习一点财务知识，这就导致了他们

终生贫困。罗伯特从小就从富爸爸那里学到了财务知识，所以他能变得富有。

通向财务自由的第一步，就是要分清什么是资产、什么是负债。这也是大家最想知道的一点，因为只有分清了什么是资产、什么是负债，并做出合理安排以后，你才有可能变得富有。

资产和负债，是财务工作中经常要用到的两个词。这两个词一个跟收入相关，一个跟支出相关，含义可谓是天壤之别。很多人自信地认为，要把这两者区别开来，比区分什么是大象、什么是蚂蚁还要容易。但在实际生活中，很多人搞不清楚什么是资产、什么是负债，往往把一些负债看成是资产，这导致了世界上绝大部分人或多或少都有财务问。

一辆贷款购买的车是不是资产？

很多人都会回答说："当然，那是我的固定资产。"

但富爸爸可不这么看。要了解它是资产还是负债，你可以问自己以下几个问题：

它会随着时间的流逝而增值吗？

它会给你带来更多的金钱吗？

它会给你带来新的产品吗？

答案是否定的。你买的这辆车不是那种具有收藏价值的古董车，因而它不会增值；而你使用的年限越长，它的价格就越低，十几年后，它就得报废，到时候一文不值。你买这辆车只不过是用来上下班、旅游、兜风，而不是用来载客挣钱，因而它不会给你带来任何收益。你要不断地在这辆车上花钱：你要给它买保险，顺便还要给自己买保险；你要给它加油、维修、年检；你要给它买停车位、付停车费。此外，你还要支付银行的贷款利息。你认为你的这辆车究竟是资产还是负债呢？不要再把那些负债当作你的资产了，牢牢记住这两句话吧：只有能不断地为自己挣钱的财产才叫资产，而凡是让自己不断花钱的财产都叫负债。这种定义尽管看上去很简单，但实质上却充满了人生智慧。

罗伯特认为真正的资产可以分为下列几类：

1. 不需我到场也可以正常运作的业务。我拥有它们，但由别人经营和管理。如果我必须在那儿工作，那它就不是我的事业而是我的职业了。

2. 股票。

3. 债券。

4. 共同基金。

5. 产生收入的房地产。

6. 票据（借据）。

7. 专利权如音乐、手稿、专利。

8. 任何其他的有价值、可产生收入或可能增值并且有很好市场的东西。

一个善于赚钱的人，一定是一个资产不断增加而负债不断减少的人。反之，一个不会赚钱理财的人，一定是一个资产原地踏步甚至不断减少而负债不减反增的人。

如果你想变富，只需在一生中不断地买入资产；如果你想变穷，只需在一生中不断地买入负债。

关注自己的事业

很多人认为，工作和事业差不多，其实，这种看法是相当错误的。富爸爸告诉我们，工作与事业不是大事小事上的差别，也就是说做小事不一定就是干工作，而做大事也不一定就是干事业。事业未必就是大事，工作也未必就是小事。

工作是谋生的手段，是为了养家糊口，是为了生存所需，很可能是被迫的；而事业虽然也可以说是为了养家糊口、为了生存，但更主要的是一生的追求，是体现人生价值、意义和理想的，是自己喜欢做、愿意做的事情。

为工作你做短期打算，为事业你做长期打算。

为事业你找出路，为工作你找退路。

有事业的人从容不迫，只有工作的人依然没有安全感。

有事业的人到哪里都可以延续事业，而只有工作的人一旦失业就回到起点。

工作干好了，也会使人有一种成就感，但它与事业成功的感觉是不一样的。工作上的成就感主要来源于别人对自己的欣赏，成果是共享的，自己得到的是很少的一部分；而事业上的成就感除了有别人对自己的欣赏外，更主要的是自己对自己的欣赏，是自我实现的一个过程，是一种满足、一种享受。

最好的状态是，你的事业就是你目前从事的工作，也就是说你不仅能通过干某事赚到银子，同时也在向自己的理想事业靠近。

最不好的状态是，你的理想是成为诗人，却不得不到建筑工地上背水泥以养活自己。

一个人快不快乐、充不充实，原因就在这里。

我们希望可以完全自由地干自己喜欢的事情，同时这事情也可使我们生存的需要得到满足。人是全面发展的，社会也为这样的全面发展提供条件。人的价值和尊严真正在实践中得以实现。每个人的人生都是丰富多彩、充满意义、自由而祥和的，每个人都是自己的主人。这时候的工作和事业是真正合二为一的。人不会有失望、焦虑、愤怒和不满。

然而很多人终日忙忙碌碌，为着各种复杂的目的而活动，却不知道自己的将来应该如何。他们在努力工作，努力使自己成为一个好员工，保住饭碗，接受各种可怜的赏赐，没有什么追求。他们只不过是希望消费得多些，拼命尝试新鲜的刺激，想方设法钻营投机。飞黄腾达之后呢？原来他们并不比阿Q高明多少！

当罗伯特还是个孩子的时候，他那受过教育的穷爸爸就鼓励他找份安定的工作，而富爸爸则鼓励他着手获取自己所喜爱的资产，"因为如果你不爱它，就不会关心它"。于是罗伯特开始做富爸爸建议的事，他工作，但也投资自己的事业，他通过买卖小公司的股票和房地产，使资产变得非常活跃。而最关键的是，他喜欢小公司和土地，因此能够干得很好。

因此，当你在不得不为生活而努力工作时，也要关注自己的事业。先确定自己的事业是什么，然后再投入精力去发展它。不是每个人都适合去做生意或者开公司的，也许你可以从自己感觉很枯燥无聊的工作中挖掘出自己的事业所在，从而获取得成就。

学会投资

目前，储蓄仍是大部分人传统的理财方式。然而钱存在银行里，短期是安全的，但长期却是危险的。在银行存款何错之有？其错在于利率（投资报酬率）太低，不适于作为长期投资的方式。假设一个人每年存1.4万元，享受年均5%的利率，40年后他可以积累到1.4万元×（1+5%）×40＝169万元。如果他去投资，享受20%的报酬率，那么同样是40年，他可以拥有约11830万元。因此，罗伯特建议我们，要走上真正的财务自由之路，投资是必经之途。

有句俗话说"人两脚，钱四脚"，意思是钱有四只脚，钱追钱，比人追钱快多了。

和信企业集团是台湾排名前五位的大集团，由和信企业集团会长辜振甫和台湾信托董事长辜濂松领军。外界总想知道这叔侄俩究竟谁比较有钱。有钱与否其实与个性有很大关系。辜振甫属于慢郎中型，而辜濂松属于急惊风型。辜振甫的长子——台湾人寿总经理辜启允非常了解他们，他说："钱放进辜振甫的口袋就出不来了，但是放在辜濂松的口袋就会不见了。"因为辜振甫赚的钱都存到银行，而辜濂松赚到的钱都拿出来投资。而结果是：虽然两个人年龄相差17岁，但是侄子辜濂松的资产却遥遥领先于其叔辜振甫。因此一生能积累多少钱，不是取决于你赚了多少钱，而在于你如何理财。致富关键在于如何理财，并非开源节流。

富爸爸就曾告诉罗伯特："金钱不是真正的资本。"也就是说，拥有了钱，不等于拥有了资本，将它存入银行，也不一定是最好的方法，因为钱会贬值，会失去它原本的价值。要想让钱发挥资本的作用，只能用它投资，让它流动起来，用钱生钱，创造更大的价值。

罗伯特在书中讲述了他首次投资的故事，并通过这个例子说明，仅用很少的资金、冒很小的风险，通过一个简单的财务运作过程也能创造出成百上千万美元的财富。这一例子也说明金钱仅仅是一纸协议而已，任何有高中文化程度的人都能明白这一点。

因此，要成为一个真正的富人，不管你现在有多少财富，都应该从投资开始，就像罗伯特在书中告诉我们的那样，投资才能让你成为真正的富人。

知识要全面化

罗伯特告诉我们，在学校及工作单位，最普遍的观点就是"专业化"，也就是说，为了挣更多的钱或者得到提拔，你需要"专业化"。这就是医学院的学生们一入学便立即开始寻求某种专长（如正骨术或儿科学）的原因。

不过，某个技能却只在相应的行业发挥作用，一旦转到另一个行业也许会毫无用处，成为一堆"无用的土豆"。例如，一个拥有驾驶大型运输机

10万小时记录的高级飞行员，他的薪水是每年15万美元。这足以让很多人羡慕不已，可是一旦他失业，他再就业的渠道将非常狭窄，要想找到一个收入相当的在学校教书的工作几乎是不可能的。

所有的穷爸爸都是这样，他们为了使自己更有竞争力，不断地提高自己的专业能力。虽然他的努力让工资增长了，但工资所带来的微薄收入并不会使他的财务状况得到明显的改善，相反，他选择职业的机会越来越少。等到他失去了政府的工作，才发现自己对于职业的选择是那么力不从心。所以，富爸爸提倡，世界上有许多知识，你只要了解一些就够了，全面地发展才是最重要的。富爸爸举了一个例子：麦当劳的汉堡不一定是世界上最好吃的，但它一定是世界上经营得最成功的汉堡，因为麦当劳不一定拥有做汉堡的最专业的技能，但是却拥有最完善、最出色的商务体系。

基于这种认识，富爸爸鼓励罗伯特和麦克全面提高自己的知识，而不是集中在某一个领域。他鼓励他们去寻找比他们更精明的人，与他们一起工作，并把他们组织成一个团队。这个团队的战斗力是无穷的，因为知识带来的冲击力总是让人震撼。现在社会上有很多企业也这么做，他们在商业学校挑选一个头脑非常灵活的学生，并对他进行培训，教给他各方面的知识，培养他的多种能力，希望他将来能领导这家公司，因此这个聪明的学生不会只被安排在某一个部门，而是在各个部门中进行系统而全面的学习。富爸爸也这样培养他的孩子或者他看中的雇员，因为这样做，才能使他们对经营企业有一个整体的认识，并了解不同部门之间的相互关系。

权威读本

［美］罗伯特·清崎等. 富爸爸，穷爸爸. 杨军、杨明，译. 北京：世界图书出版公司，2000.

细节决定成败

·最伟大的励志经典·

传世理由

全国优秀畅销书；

全国十大优秀管理培训师汪中求的力作；

掀起细节研究的热潮；

扎在当今社会浮躁穴位上的一根针。

经典要义

细节的重要性

细节，就是日常生活中的小事情。作者告诉我们，想成就一番事业，必须从简单的事情做起，从细微之处入手。一心渴望伟大、追求伟大，伟大却了无踪影；甘于平淡，认真做好每一个细节，伟大却不期而至。这就是细节的魅力，是水到渠成后的惊喜。

成大业若烹小鲜，做大事必重细节。在小事上认真的人，做大事才会成绩卓越，因为细节最能体现一个人的智慧和美德。只有把细节做好了才能成就大事，只有重视细节才能在竞争中赢得胜利。

今天，大刀阔斧的竞争并不一定能做大市场，而细节上的竞争却将永无止境。一丝一毫的关爱、一点一滴的服务，都将铸就用户对品牌的信赖。这就是细节的美、细节的魅力。

对于一个企业或个人，成功很少建立在轰轰烈烈的大事基础上，大部分的成功都是建立在一点一滴、日积月累的每一个细节之上的，即坚定不移地做好每一个细节。决定成败的必将是微若沙砾的细节，细节的竞争才是最终和最高的竞争。

泰国曼谷的东方饭店是举世公认的世界最佳酒店，曾连续10年被纽约《机构投资者》杂志评为"世界最佳酒店""最佳商务酒店""最佳个人旅馆"等。此饭店几乎天天客满，不提前一个月预订是很难有入住机会的，而且客人大都来自西方发达国家。泰国在亚洲算不上特别发达，但为什么会有如此顶级的酒店呢？大家往往会以为泰国是一个旅游国家，而且又有世界上独有的人妖表演，是不是他们在这方面下了功夫？错了，他们靠的是追求完美细节的精神。比如：你入住登记后，侍者端着一杯果汁到房间给你解渴；等你出现在餐厅用餐时，全餐厅的服务生都会知道你的姓名，并能脱口而出和你打招呼；如果你是回头客，餐厅电脑会记录你上次用餐的餐桌位置和你的菜单，以便给你提供熟悉的服务；如果你对点的菜有任何异议，服务生会后退一步和你说话，为的是不使口水溅到你的菜里；结账离开时，服务生会说："谢谢您，欢迎您再次光临。"他还会提醒你："机场税500泰铢是否要先准备呢？"还有，怕心上人来了找不到你吗？没关系，有一张"追踪卡"可以告知你在旅馆内的行踪，你只要交给总台就行了。

这就是细节的魔力。由于东方饭店非常重视细节，由此培养了一批忠实的客户，并且建立了一套完善的客户管理体系，使客户入住后可以得到无微不至的人性化服务。迄今为止，世界各国20多万人曾经入住过那里，用他们的话说，只要每天有十分之一的老顾客光顾饭店就会永远客满。这就是东方饭店的成功秘诀。

细节也能反映出一个人的素质。在公共场合，人们对一个人的了解，往往也都是从一些细节着手的。有时我们不经意的小动作，或随身的佩饰、服饰，常能反映出我们的生活背景、身份、地位。

开发台湾有功的刘铭传当年也是因为小小的细节而被曾国藩发现的。一天，李鸿章带了三个人供曾国藩任命差遣。当时曾国藩吃饱饭后正在散步。他有缓行三千步的习惯，所以那三个人就在一旁恭候。散步

之后，李鸿章请他接见那三个人，曾国藩却说不必了。李鸿章很惊讶。曾氏说道："在散步时，那三个人我都看过了。第一个人低着头不敢仰视，是一个忠厚的人，可以给他保守的工作；第二个人喜欢作假，在人前很恭敬，等我一转身，便左顾右盼，将来必定阳奉阴违，不能任用；第三个双目注视，始终挺立不动，他的功名不在你我之下，可委以重任。"后来三人的仕途表现果然不出曾氏所料，而第三个人就是刘铭传。

你该知道，往往就是那么一个细节能让你脱颖而出，因为别人忽视的，你看到了，你做到了，这就是你的出众之处。

其实，发生在你生活中、工作中林林总总的事情有时候很难分辨到底算大还是小，一个小小的细节也许就是决定你成败的关键。你留给别人的印象、你带给别人的感动常常就存在于日常生活的一个个细节中。细节的处理方式体现了你的生活态度和生活质量。想要人生中的每一天都充满意义，就认真对待每一个细节吧。

作者还强调，不管作为个人还是经营一家企业，都要注意细节、重视细节，从细节入手，让自己更上一层楼，从而为自己的成功打开一扇大门。只要做好每一个细节，你就掌握了在工作中和人生中成就大事的诀窍。

差距源自细节

注重细节，从小事做起，精益求精，把每一件简单的事情做好，就可以取得成功，创造辉煌；而不重视细节，浮躁粗心，贪大求详，不屑于做具体的事情，则将一事无成，只能以失败而告终。

作者在书中举了这样一些例子：上海地铁1号线与2号线比较，1号线由德国人设计，因地制宜，细致周到，方便乘客，降低了运营成本；2号线是中国人设计，疏忽大意，不重细节，结果运营成本远远高于1号线。至今未实现收支平衡。"荣华鸡"与"肯德基"比较，同样是炸鸡，一个是美国人的精工细作，经久不衰；一个是中国人的粗制滥造，很快倒闭。沃尔玛重视细节，成为世界500强，年收入2400多亿美元；而于同一年创立的曾经的美国零售商老大凯马特则短短几年就申请了破产保护。美国曾经是汽车制造王国，20世纪50至70年代初是其黄金发展时期，但如今日本生产的汽车总和已经超过了美国，就因为日本汽车业重视细节的精神。

细节造成的差距，往往对最终的成败产生重要影响。日本索尼与JVC在进行录像带标准大战时，双方技术不相上下，索尼推出的录像机还要早些。两者的差别仅仅是JVC一盘带是2小时，索尼一盘带是1小时，其影响是看一部电影是否需要换一次带。仅此小小的不便就导致索尼录像带被全部淘汰。

日本丰田汽车世界销量领先，原因就是它比其他同类汽车的密封系数高1%、省油1%、噪声小1%，正是因为这1%的距离，拉开了它和同类汽车的距离。

在现代社会，无论企业也好，个人也好，无论有怎样辉煌的目标，当所有的技术和信息都能共享的时候，唯一决定成败的就是细节。细节让竞争对手无法复制，无法共享，从而保持自己的竞争优势。细节的积累能够实现从99到100的质变。但如果有一个环节、一个细节处理不到位，就会导致整个项目被搁浅，从而导致最终的失败。"大处着眼，小处着手"，与魔鬼在细节上较量，才能达到管理的最高境界。

忽视细节的代价

作者在书中强调：一件事情总是由许多小的环节环环相扣，最后形成的。所谓大事也都是由许多的小细节组成的，忽视任何部分，你都可能会功亏一篑。

1986年1月28日，美国"挑战者"号航天飞机发射升空后不久便爆炸了，这是人类航天史上最严重的一次载人航天事故。而失事的原因仅仅是因为助推火箭上连接处一个小小的橡皮圈失效。价值12亿美元的航天飞机毁了，宇航员付出了无法用金钱衡量的宝贵生命。

无论在何种场合，细节的重要性都是不言而喻的。不要觉得那些不起眼的细节根本就算不了什么，要知道如果你忽视细节，那么成功也必将忽视你。真正的成功都是在做好一个个细节的基础上累积起来的，就好比千里之行，始于足下，你必须把每一步都走好，才有可能尽快到达成功的彼岸。

如果你在某个细节上给你的上司留下了不好的印象，你的升迁和发展都会因此而受到限制；如果你在商贸会谈中稍不留神，你就有可能遭受巨大的损失；如果你随地吐了一口痰，你就有可能失去价值上千万的药品合约……

为了杜绝可能会发生的损失，我们必须要把每个细节都做到位。你该知道，你不注意的地方往往就是灾祸可能发生的地方。我们必须从源头上把隐患消灭殆尽，为我们的成功铺平道路。记住这一点：要想成功，就从每个细节做起。

这是一个以细节决胜负的商业时代，一个细节就可以决定企业的成败。这个细节在自己手里是王牌，在对手手里则是炸弹。忽视细节，结果必然是惨败。我们往往最易忽视的就是那些看似简单、琐碎的事情。在从事企业与项目管理时，最普遍、最突出的问题就是简单容易的事做起来却总是马马虎虎、漏洞百出。其实反过来看，什么才叫不简单？可以说能够把简单的事情天天做好就是不简单。什么叫不容易？大家公认容易的事情，非常认真地做好它，就是不容易。

世界上许多伟大的事业都是从点点滴滴的细节做起。在细节上能够表现好的人，他在成功之路上一定会少许多漏洞。相反，如果一个人不能关注细节问题，往往就会因小失大，甚至自毁前程。

汉瑞从一家名牌大学毕业后，进入了一家跨国公司工作。他外表气宇轩昂，工作业务技能也很优秀，更可贵的是他工作起来特别努力，所以很受老板的器重，认为他是一个可塑的人才，决定把他送到美国培训一年，回来后委以重任。

在出发的前一天，老板很偶然地发现汉瑞将掉在办公室地上的废纸踢向一边，而不是捡起来扔进垃圾桶内。这可是举手之劳啊！于是，老板便在这一天特别留意他的一举一动，发现他用完餐后不但不擦桌子，还把餐具随便乱放，甚至还随地吐痰……

老板对他感到十分失望：这样一个连最基本的工作细节都不注重的员工，怎么能成为一名优秀的管理者呢？又怎么能对企业高度负责呢？于是，老板临时改派了另一名员工去培训，而把他留在了平凡的岗位上。后来，汉瑞被公司辞退了。

很多细节会影响我们的工作和前途。如果我们想有所成就，取得更大的成功，就不要忽视这些细节，以免因小失大，给我们的人生和事业带来重大的损失。

细节的实质

注重细节是一种习惯，是一种积累，也是一种眼光、一种智慧。只有养成这样的工作习惯，你才能注意到问题的细节，你才能做到为使工作达到预期目标而思考细节。否则，再注重细节也只是精心导演了一幕让领导看得到的戏。物理学上可以细分到粒子，医学上可分到细胞，数学上可以从零到无穷大，让我们从零做起，一就是一，二就是二，心中着眼于一加一，才能创造出人生的财富和价值。注重细节不是空喊出来的，它是一种经验和习惯，关系着企业的成败。

成功者与失败者之间究竟有多大差别？人与人之间在智力和体力上的差异并没有想象中的那么大。很多小事，这个人能做，其他的人也能做，只是做出来的效果不一样，往往可以从一些细节上判断出完成质量的高低。

一个相貌平平的女孩，在一所极普通的中专学校读书，成绩也很一般。在她得知妈妈患了不治之症之后，想减轻一点家里的负担，希望利用暑假两个月的时间挣一点钱。她到一家公司去应聘，韩国经理看了她的履历，没有表情地拒绝了。女孩收回自己的材料，用手掌撑了一下椅子站起来，觉得手被扎了一下，看了看手掌，上面沁出了一颗红红的小血珠，原来椅子上有一只钉子露出了头。她见桌子上有一条石镇纸，于是拿来用它将钉子敲平，然后转身离去。几分钟后，韩国经理却派人将她追了回来——她被聘用了。韩国经理正是从她敲钉子的细节中看到了她对别人的关怀和爱，认为她是个可信赖的人。

作者告诉我们，细节中隐藏着机遇。我们周围有许多人时常抱怨，说自己没有成功是因为幸运之神从来没有照顾过他们，但他们却没有意识到，正是因为自己对细节的忽视，没有踏踏实实地去关注细节、思考细节，才导致机遇一次次地从他们眼前溜走。幸运之神不会偏爱任何人，成功者之所以成功，是因为他们时刻留心生活中的每一个细节。留心细节、把握机遇可造就你的成功。

从细节做起

密斯·凡·德罗是20世纪世界上四位最伟大的建筑师之一，在被要求用一句话来概括他成功的原因时，他只说了五个字："魔鬼在细节。"他反复强调，不管你的建筑设计方案如何恢宏大气，只要对细节的把握不到位，就不能称之为一件好作品。对细节的准确、生动的把握可以成就一件伟大的作品，而忽视细节则会毁坏一个宏伟的规划。

作者在书中一再强调，不要讨厌做小事情，也不要不屑于做小事情。很多时候，小事不一定就真的小，大事不一定就真的大，关键在于做事者的认知能力。有些一心想做大事的人，常常对小事嗤之以鼻、不屑一顾，然而，连小事都做不好的人，又怎能成就大事呢？有做小事的精神，才能产生做大事的气魄。

千里之行始于足下，合抱之木生于毫末。欲行千里、想成大树，就要从脚下开始、从毫末做起，脚踏实地地专注做事，追求细节完美，实现"一次做好"。

一位智者曾经说过："不关注小事或者不做小事的人，很难相信他会做出什么大事。做大事的成就感和自信心是由做小事的成就感积累起来的。"一个人要想开创人生的新局面，实现人生的突破，就要学会关注细节，从小事做起。这样，才能够一步步向前迈进，一点一滴积累资本，并抓住瞬间的机会，实现人生的突破，踏上成功的道路。

可惜的是，许多人在生活中往往忽视了这一点，与那些能够改变其人生的小事情擦肩而过。而许多白手起家却事业有成的人，在当小学徒或小职员时，就能以高度的热忱和耐心去关注工作中的细节问题。所以，任何人只有从小事做起，才能一步步踏上成功的道路。

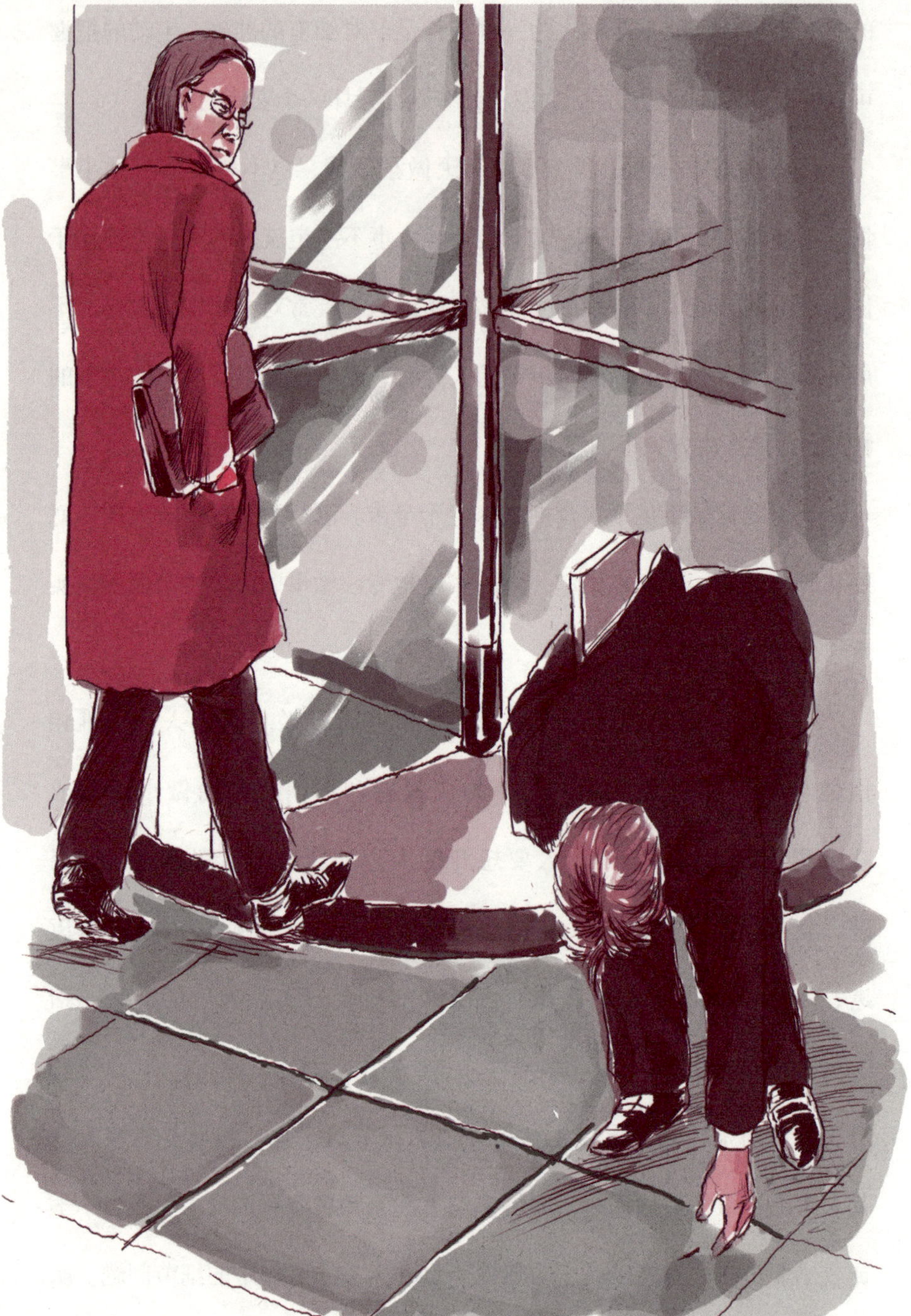

在当今这个"细节经济"时代，靠的是细节制胜。注重细节是敬业，是专业，是态度。个人、企业都要建立自己的细节优势，因为今后的竞争将是细节的竞争。企业只有注意细节，在每一个细节上做足功夫，建立"细节优势"，才能保证基业常青。小事不做，焉能做大事？须知，由细微处方见真品性。

怎样才能把细节做到位呢？

首先你要能看出细节所在，并高度重视它。这种敏锐的眼光是很难得的，它需要你长久的实践训练。并不是每一个细节都具有重大的意义，你必须能够判断哪些细节是举足轻重的，哪些是你必须全力做好的。如果你把注意力完全放在一些鸡零狗碎的事情上，而忽视了重要的细节，你还是没办法成功。

你不仅要能看到细节的重要性，还要能认认真真地去做好每个细节。看再多、想再多，都不如你做好一个细节。"到位"，就意味着你必须让每个细节都尽善尽美。

很多人看到细节了，也去做了，但却对自己要求不高，以致潦草完事。这样做不仅不会有好的收获，还浪费了你的时间。你不认真去做，就等于没做。你该对自己说，要做就做到最好，不管是大事还是小事。只有在每一件小事上对自己严格要求，你才能做成大事。

注重细节还必须从全局着眼，在全局之中认识到细节的重要性。如果你只是为了细节而细节，那就没有多大的意义。细节之所以重要，就是因为它在全局中占有一定的位置，它的价值也就在于与全局的重大联系上。你要在把握全局的基础上努力做好每一个细节，那样你才能获得更高层次上的成功。

权威读本

汪中求. 细节决定成败. 北京：新华出版社，2004.

高效能人士的七个习惯

·最伟大的励志经典·

传世理由

在美国成年人中最具有影响力的经管类书籍之一；

"人类潜能的导师"史蒂芬·柯维的代表作；

全球发行超亿册；

美国公司员工、政府机关公务员、部队官兵的必备书；

助你走向成功的必备书。

经典要义

积极主动——个人愿景的原则

"积极主动"这个词最早是由著名心理学家维克托·弗兰克推介给大众的。弗兰克本人就是一个积极主动、永不向困难低头的典型。

弗兰克是一位受弗洛伊德心理学派影响颇深的决定论心理学家，他在纳粹集中营里经历了一段凄惨的岁月后，开创出了独具一格的心理学流派。

弗兰克的父母、妻子、兄弟都死于纳粹的魔掌，而他本人则在纳粹集中营里受到过严刑拷打。有一天，他赤身独处于囚室之中，突然有了一种全新的感受——也许，正是集中营里的恶劣环境让他猛然警醒："在任何极端的环境里，人们总会拥有一种最后的自由，那就是选择自己态度的自由。"

弗兰克的意思是说，一个人在极端痛苦无助的时候，他依然可以选择面对困难的态度。在艰苦的岁月里，弗兰克一如既往地保持着积极向上的态度。他没有悲观绝望，反而开始设想，假如将来自己获释了，该怎样告诉他的学生这一段痛苦的经历。靠着这种积极、乐观的态度，他把所有的磨难当作一种考验，他的心灵超越了牢笼的禁锢，在自由的天地里任意驰骋。这样的思维准则，正是我们每一个追求成功的人所必须具有的人生态度——积极主动的人生态度。

如果你想做一个积极主动、对自己负责的人，我建议你立即行动起来，按照以下几点严格要求自己：

用一整天时间，细心观察自己及周围的朋友是不是常说"希望""我做不到""我没有办法"等泄气的字眼。

根据以往的经验，预测自己在近期内是否会有麻烦事情缠身。如果事情发生了，自己该怎么办？是一味逃避还是积极应对呢？如果积极应对，你该做些什么呢？在脑子里模拟事情的发生和你的解决办法。

找出工作或生活中发生的最让你有挫败感的事情，冷静分析，它属于哪一类，你能控制或影响它吗？你对它毫无办法还是可以通过其他途径对它施加影响？然后将你能想到的最好的解决办法付诸行动。

把积极主动当成一种习惯。在30天内，认真面对自己身边发生的每一件事，并许下承诺：一定要花最大的力气解决问题；不推卸责任；不依赖别人的帮忙；对自己负责，不怨天尤人。30天后，总结自己与以前相比，行为和精神面貌有什么变化。

人性本质是主动而非被动的，不仅能消极选择反应，更能主动创造有利环境。

以终为始——自我领导的原则

做一项心灵演练，想象自己已经去世，躺在殡仪馆接受别人为自己开的追悼会，你期望听到怎样的悼词？你有过什么成就、做过什么贡献或有什么让人们怀念你的地方吗？对你身边的人而言，你称职吗？你去世了以后，那些关心你的人会有什么反应？

在你得知了答案之后，很有可能会大吃一惊：你那么多的愿望，竟然只有很少是你真正想要的；而那些你不在意的，却是最最重要的。

这就说明，当一个人盖棺定论时，希望得到的评价才是心中真正渴望的目标。

有位哲人说：生命犹如一头饿驴，总为自己眼前悬挂的萝卜去一遍一遍地拉磨。

如何能够达到自己的最终目的，不为眼前的一点蝇头小利所迷惑？有多少人追名逐利，为了利益不惜勾心斗角，争得你死我活，牺牲了自己的健康、诚信、良知、亲情等，直到功成名就后才意识到这一点，感到空虚，那时已经太迟了。所以，若是能在行动之前就明确自己真正需要的是什么，然后再勇往直前奋斗到底，不要让名利蒙蔽自己的双眼，生活就会更有意义。

作者说，以终为始，就是让你把心底最根深蒂固的价值观，把死前最期望获得的人生目标作为最终愿景，以此来决定自己现在的一言一行。时时刻刻把人生使命谨记在心，每一天都要朝此迈进，不要有丝毫违背。

只有认清了目标和方向，在奋斗的过程中才会对目前的状况了解得更透彻，才不会误入歧途、白费工夫。这样，你才能不枉度一生，在离开这个世界时也不会懊悔，不会觉得自己的人生没有意义、没有价值。

把最终你期望达到的目标当作现在的前进方向，这个原则在日常生活中运用得很广。比如出门旅行要先决定目的地与路线，上台演讲应先预备

讲稿，做衣服要先设计款式，修房子要先画好图纸。根据预期结果开始着手工作，不失为一种使自己人生更有意义、更能找到心灵安宁与满足并抛弃焦虑的手段。

一个明确的目标，会为你的生活创造一个孕育动力的落差，时刻提醒你去奋斗，引导你去追求；时刻激励你富有激情地工作和生活，让你备感使命的召唤；时刻为你点燃希望之灯，哪怕是万丈深渊，你也要奋然前行。以终为始，让终极目标照亮你前进的道路。

要事第一——自我管理的原则

你是不是总是第一个来到公司，却最后一个离开公司的人？你是不是每天都有一大堆的事情等着你去做，让你忙得焦头烂额？你是不是很羡慕别人不很忙碌，却能把工作完成得很好？其实，你缺少的正是一种"要事第一"的管理方法。

我们虽然没有足够的时间去做所有事情，但是我们有足够的时间做最重要的事情。这就需要遵循"要事第一"的原则。作者在书中告诉我们，如果你想成为一个高效能人士，那么你就要遵循要事优先的原则，管理好自己的时间。

我们可以做个实验。

现在我们要往一个玻璃瓶中添加石块，石块添满了以后，可不可以再往杯子里添加东西了？这时我们拿出一袋沙子，将沙子倒进玻璃瓶，随即，玻璃瓶中石块间的缝隙全被沙子填满了。最后，面对已经满满的玻璃瓶，我们取出一杯水来往里倒。事实证明，玻璃瓶中又吸进去了不少水。这个玻璃瓶的空间实现了最大化的利用。

我们把一周的时间比作玻璃瓶，最重要的目标就像大石块，一般的日常事务好比沙子，而一些突发的、微不足道的小事好比水。如果我们不是按照"石块—沙子—水"的顺序会怎样呢？如果先放进沙子（一般事务），石块（最重要的）还能放得进去吗？

很明显，事情就像作者在书中告诉我们的那样，最重要的事如不加以突出强调，很可能我们的时间就会被一般的日常事务给占满了，那样我们永远也不能收获最重要的成果。

最后，作者在书中向我们强调，请把注意力放在一些重要而不紧迫的事上吧，这些事需要你花大量时间，做好这些事才是你成功的关键。只有它们都得到合理高效的解决，你才有可能顺利地进行别的工作。要事第一，是管理时间、制订计划的重要原则。

双赢思维——共同获利的原则

要想仅仅依靠个人的努力获得成功，几乎是不可能的，因为我们生活在由人组成的社会中，成功必须依靠大家的力量。

在人际交往中寻求对双方都有利的方案，双赢是个很重要的人际交往原则。

双赢指的是在竞争中合作，寻求双方共同的利益，即你好我也好，做到这一点需要为人正直。成熟的人有勇气去表达自己的想法与感受，用关照的心态去看待他人的想法与感受。

只有这样，相互间才能高度信任。相信每个人都有长处，了解他们的立场、行为及决策，用心去倾听，与对方及时并真诚地沟通，用尊重的态度对待别人及回应别人的需求，真诚地提供建设性意见，达到双赢的巨大效果。

一条街道上有两家面粉店，为了招徕顾客，都拼命压低价格，结果不久两家店都吃不消了。后来两家店的店主人坐下来一起商量对策，

他们摒除矛盾，共同寻求发展。其中一个人说，自己的店可以改成蛋糕店，这样，一家卖面粉，一家卖蛋糕，不仅没有冲突，还能合作，岂不两全其美？果然两家店的生意后来都红火起来。这就是双赢思维的绝妙之处。

有些人认为只有有利可图才算赢，小利为小赢，大利为大赢。实际上，那种耗尽人力物力、顾此失彼的赢不叫"赢"，反叫"输"。双赢观念，无疑改变了传统思维你死我活的残酷竞争意识。

如今，很多人把以良好的合作、共同获利作为共赢的生存主题。"胜者为王，败者为寇"已然格格不入，因为争斗场上的败者，总会想方设法把战胜过他的人拉下来，让其成为更大的败者，与其如此，何不走利益共享之道呢？

如果我们放开眼界，倡导双赢规则和利益的共同分享，提出"你好我好大家好"的口号，我们就会和我们的朋友乃至同行一起共同发展。

因此，利益共享不仅是追求幸福的必由之路，同时也是发展的动力之源。

双赢使人与人或人与自然之间更好地、和谐地共处。当然，它不是逃避现实，也不是拒绝竞争，而是以理智的态度求得共同的利益。

想要达到双赢的效果，必须从对方角度出发，考虑对方的实际需要，寻找双方的合作点，寻求彼此都能接受的结果，再商讨达成合作的可能方式。

知彼解己——有效沟通的原则

首先尝试去了解对方，然后再争取让对方了解自己。这一原则是进行有效人际交流的关键。而要了解对方，必须取得对方的信赖，这不能靠权术，必须靠善良的本性来感动他人。虚伪做作不久就会被拆穿，喜怒无常、表里不一、朝三暮四，更难以取得他人的信赖。

作者告诉我们，要想了解别人，只有用心倾听，以德服人，以笃实的感情为本，有效的人际沟通才能尽在掌握之中。

纽约电话公司在数年前曾碰到过一个凶悍无理的顾客。这顾客辱骂接线生，并指出电话公司制造假账单，所以他拒绝付款。同时他给报社写信揭发，还表示要向公众服务委员会投诉。电话公司有数起诉讼都是因他而起的。

最后，一位最富经验和技巧的调解员受电话公司委派去拜访这位客人。这位调解员在这位先生那儿只是静静听着，让这位好争论的老先生尽情发泄他满腹的牢骚，并表示了自己的同情。

刚开始，那个顾客不厌其烦地口吐狂言。头一次调解员整整听了近三个小时，后来调解员又去他那里，继续听他发牢骚。调解员一共去了他那里四次。每一次会面，调解员都始终认真听他倾诉，并对他所抱怨和诉说的一切充满同情。调解员是电话公司里唯一这样对待他的人，因而他对调解员也渐渐地友善起来。

前三次会面，调解员只是倾听他的诉说，对调解的事只字未提，而当整个调解过程即将结束时，一切都水到渠成了。这位顾客付清了所有的欠款，并且破天荒地撤销了对公众服务委员会的申诉。

到第四次见面快结束时，调解员已成为这位顾客始创的一个组织（他称之为"电话用户保障会"）的会员，那个组织里只有一位会员。调解员说："其实据我所知，到目前为止除了他本人外，我是唯一的会员。"

这位先生自诩是为社会公义而战，反抗无理的剥削，维护公众的权益。而事实上，他要的是受重视，他通过对相关部门的挑剔和投诉去获得这种感觉。

在调解员全神贯注的倾听和同情之下，他拥有了这种被重视的感觉，于是往日的积怨和牢骚便烟消云散了。

从对方的角度去考虑，了解对方的真实想法，很多棘手的问题就会迎刃而解，你也会由此扩展人际交往，获得更多的友情。

同样，要表达自己的观点，也要站在对方的角度去考虑，尽量以对方的利益为出发点，这样的你别人才容易接受。

统合综效——创造性合作的原则

作者说，统合综效是人类最了不起的能耐。它强调全体大于部分的总和的观点，不拘泥于"你的"或"我的"解决方法，而是善于利用他人的智慧，集中大家的力量，激发个人的潜力，从而创造奇迹，产生"1+1＞2"的效果。

在大自然，统合综效随处可见。比如，许多树木长在一起，它们往往能长得比单独一棵树的高度高很多；许多动物以群居的方式才能生存，如果单独生存，它们几乎没有活下去的希望；还有一些动物，比如小鸟和犀牛生活在一起，小鸟啄食犀牛身上的寄生虫和它们行走时踢起来的昆虫，另一方面，这些小鸟还起着"哨兵"的作用，稍有异常它们便鸣叫着飞离犀牛，使犀牛能及时得到"警报"。

自然界的万物都懂得合作的道理，但是没有哪种生物能像人类这样可以精诚合作，人类的合作精神是其他动物所不可比拟的，正是依靠这种精神，人类才走到了今天。

在人类历史中，这种合作精神的不断演化或许促使人类形成了许多其他的能力。

想一下我们人类的语言，正是语言协调了我们的行为，而这是其他生命体无法做到的。

通过语言，一个人会对另一个人说，你去那边，站在树后，我在这儿把这块石头扔掉，诸如此类。在做一件事情时，语言就起到了很好的协调作用。

既然人类能在各个群体间协调，这就意味着他们彼此也能进行合作。

在生活中，大家也许会有这样的体会：假如你有一个苹果，我也有一个苹果，两人交换的结果每人仍然只有一个苹果。

但是，假如你有一个设想，我有一个设想，两人交换的结果就可能是各得两个设想了。

同理，当独自研究一个问题时，可能思考10次，而这10次思考几乎都是沿着同一思维模式进行的。如果把问题拿到集体中去研究，从他人的发言中，也许一次就完成了自己一人需要10次才能完成的思考，并且他人的想法还会使自己产生新的联想。

"1+1＞2"是个富有哲理的不等式，它表明集体的力量并不是单个人力量的累加之和。

即使你是天才，凭借自己的想象，也许可以获得一定的财富，但如果你懂得让自己的想象与他人的想象结合，就必然会获得更多更大的成就。

我们每个人的心智都是一个独立的能量体，而我们的潜意识则是一种磁体，当你去行动时，你的磁力就产生了，并将财富吸引过来。

如果你一个人的心灵力量与更多"磁力"相同的人结合在一起，就可以形成一个强大的磁力场，而这个磁力场的创富力量将会是无与伦比的。

不断更新——平衡的自我更新原则

作者强调，这里的不断更新，指的是磨炼自己，从身体、精神、心智与社会情感四个方面，增加个人能量，累积其他修养的本钱，使自己信心百倍地迎接未来的挑战。

一、身体方面——适当运动助健康

许多研究都指出，每天运动30分钟就可以得到运动的好处：预防心脏病、糖尿病、骨质疏松、肥胖、忧郁症等。甚至有研究指出，运动可以让人感到快乐，增强自信心。如果你很久没有运动，建议你循序渐进，慢慢增加强度，可以从最简单的走路开始，每天快走20至30分钟，持续走下去，一定能感受到许多好处。

二、精神方面——荡涤心灵的尘埃

我们生存的环境使我们面临很大的压力，当这压力大到我们无法应付时，就不能调整解决好情绪，就会产生心理问题，久而不决还会演变成严重的神经症、精神疾病等。

这些压力仿佛为我们的心灵蒙上了一层尘埃，而荡涤心灵恰恰就像冲刷你心灵的尘埃一样。

你可以根据自己的喜好来选择荡涤心灵的方法，比如听音乐、诵读经书、仰望星空、唱歌、外出旅行、聊天等。总之，能让你释放压力、放松心情的活动都可以，别让自己的心太累。

三、心智方面——不要停止自我教育

早在20世纪70年代就有人提出：21世纪的文盲不是指那些不能读写之人，而是指那些不会学习、忘掉已学过的知识、不愿意再学习之人。现在的社会处于知识日新月异的时代，我们必须始终坚持学习。让学习陪伴自己的一生，才不会被社会淘汰。

所有的成功者都是持续不断的学习者。比尔·盖茨9岁读完了《百科全书》，11岁开始自学，17岁创办公司，20岁领导微软，31岁成为有史以来最年轻的亿万富翁，37岁成为美国首富并获得国家科技奖章，39岁身价超越华尔街股市大亨沃伦·巴菲特而成为世界首富。这一切都与他不断地学习紧密相关。

他曾在两年之内完成了4000本经营管理书籍的阅读。资讯千变万化，不学习相当于被催眠。

比尔·盖茨之所以能创业成功，其奥秘之一就是牢牢把握住了时代的脉搏，掌握了市场的先机，快速学习，掌握并合理利用信息。

现代社会市场就是战场，谁先掌握信息优势，谁就得以生存。优秀人才，不仅要有深厚的专业技能，能承受巨大的工作压力，而且还要勇于接受新知识，不断创新。

四、社会情感方面——历练待人处事之道

社会与情感生活互为表里，情感主要来自于人际关系，也多半反映在人际关系上。下面几个小技巧可以帮助你在人际交往中获得一些成功：

1. 记住别人的姓名，主动与人打招呼，称呼要得当，与人礼貌相待、相互重视，给人以平易近人的印象。

2. 举止大方、坦然自若，使别人感到轻松、自在，激发交往动机。

3. 培养开朗、活泼的个性，让对方觉得和你在一起很愉快。

4. 培养幽默风趣的言行，幽默而不失分寸，风趣而不显轻浮，给人以美的享受。与人交往要谦虚，待人要和气，尊重他人，否则就会事与愿违。

5. 做到心平气和，不乱发牢骚，这样不仅自己快乐，别人也会心情愉悦。

6. 要注意语言的魅力，安慰受创伤的人，鼓励失败的人，赞美真正取得成就的人，帮助有困难的人。

7. 处事果断、富有主见、精神饱满、充满自信的人容易激发别人的交往动机，博得别人的信任，有使人乐意与之交往的魅力。

权威读本

　　［美］史蒂芬·柯维. 高效能人士的七个习惯. 顾淑馨等，译. 北京：中国青年出版社，2004.

人性的弱点

·最伟大的励志经典·

传世理由

人类出版史上仅次于《圣经》和《论语》，排名第三的畅销书；

一本改变了几代西方人命运的书；

世界权威成功学大师戴尔·卡耐基代表作；

名副其实的"人际关系学"培训第一品牌书；

全世界各类企业的培训必读书。

经典要义

与他人愉快相处的三个技巧

不要轻易批评别人

卡耐基说："批评是危险的导火索，它能使自尊的火药库爆炸，而这种爆炸往往会置人于死地。"如果对方的确做错了，批评只能起到一时的威慑作用，对方可能会改正，但内心的不良情绪则会油然而生，比如自卑、抵触、仇恨、愤怒……而最终，受你指责的状况很可能仍然没有得到改变，对方却会由此而嫉恨你很长一段时间甚至是一辈子。如果你让自己镇静下来，理智地想想对方做错的原因，为他指出正确的方法，用宽容、理解来代替批评，你会赢得更多人的尊敬和喜爱。

当我们要做一件事时，最好先想一想："我这样做，对方会喜欢、会接受吗？如果别人也如此对我，我会有什么感受？"如果连你自己也不喜欢、不接受的事，那就不要强加在别人身上。否则你所做的一切就失去了意义，不仅达不到你的要求，甚至可能会引起相反的效果。

真诚地赞美他人

真诚地赞美也能让我们与他人相处愉快。

卡耐基在书中指出："只要人们不是在对某种特定的问题进行思考，那么通常的情况是，他们有95%的时间都会想着有关自己的一切。"所以，我们不能一味地琢磨我们自己的成就和需要，而应该去发现别人身上的闪光点，然后发自内心地欣赏并给予赞美。对方也将对你的话尤其珍视，即便多年后你早已忘却，他还是会记得你那些由衷的嘉许。

有个小男孩小时候功课非常差，他只爱一个人坐在屋前的花园里看花草小虫。老师说他智力有问题，父亲和姐妹们都看不起他，认为他行为怪异。但是他的母亲却不这样想。她支持男孩到花园里去，还让女儿们也去。然后她问孩子们："谁能从花瓣上辨认出这是什么花？"男孩比他的姐姐们认得快，于是母亲就吻他一下说："你真是世界上最聪明的好孩子！"男孩从来没有听到过这样的赞美，于是非常兴奋，整天研究花园里的植物、蝴蝶，而母亲每天都给予儿子最好的赞美。男孩就在这样的赞美声中成了著名的生物学家，创立了著名的"进化论"。他就是达尔文。

从对方的角度考虑问题

那么，当你要去"钓"一个人，即想让对方做某件事时，又该怎么做呢？

卡耐基告诉我们，一般人都只会从自己的角度出发去考虑问题，但是这样做的结果往往事倍功半,因为和自己没有切身利害关系的事,谁都懒得做;但如果你从对方的角度出发,让对方知道做这件事和他自己休戚相关,他就会毫不犹豫地去做。

法国著名女高音歌唱家玛·迪梅普莱有一个很大的私人园林。每逢周末,总会有人到她的园林里采花、拾蘑菇,更有甚者还在那里搭起了帐篷露营野餐,弄得园林里一片狼藉,肮脏不堪。管理人员曾多次在园

林四周围安上篱笆，还竖起了"私人园林，禁止入内"的木牌，可所有这些努力都无济于事，园林还是不断遭到践踏、破坏。迪梅普莱知道这种情况后，就吩咐管理人员制作了很多醒目的大牌子，上面写着"如果您被园中毒蛇咬伤，最近的医院距此15千米"的字样，并把它们立在园林四周。从此以后，再也没有人私自闯入她的园林了。

无疑，迪梅普莱非常聪明，她从他人角度出发告诉对方："这园林里有毒蛇，被咬后可是很危险的啊！"就没有人会再闯入这个园林了，因为这么做对自身危险，谁也不会去做对自己有害的事。

这样做，别人才会喜欢你

真诚地关注别人

人人都关注自己，也渴望被他人关注。举个例子：当你看一张包括自己在内的集体照时，你的视线首先会落在谁的身上？毫无疑问，当然是你自己。而当你把这张照片拿给别人看时，你希望他最先认出谁？当然也是你自己。

正如卡耐基所说，你希望周围的人都赞成你，认同你，希望受到他们的重视。你不愿意获得那些没有意义、假惺惺的奉承，你渴求的是发自内心的真诚赞赏。你希望所有的朋友都能如史华伯所说的那样，"诚于嘉奖，宽于称道"。事实上，每个人都希望如此。

如果你想让别人喜欢你，把你当作朋友，那就要表现出对别人的关心，让对方感受到你对他的重视，这样你就能很快赢得友情，建立起良好的人际关系。

时常保持微笑

据说，很多动物都会哭泣、流眼泪，但是大自然中，只有人类会微笑。这是上帝赐予我们的独特禀赋。微笑具有神奇的力量，就像冬日阳光，能带给他人温暖。

每家麦当劳店门口都有一个小丑模样的塑像，他脸上一副快乐的表情，向每个人致以微笑，这就是麦当劳的形象代言人——麦当劳叔叔。他在美国是仅次于圣诞老人的大众偶像。他的微笑带给所有人亲切、和蔼、快乐的感觉，这就从视觉识别和心理上首先吸引了顾客，给人们留下美好的印象，让人情不自禁想到店里随便坐坐或者吃点什么放松一下，因此麦当劳受到人们的喜爱。这就是微笑带来的巨大力量。有一句中国古话可以说明这个道理："和气生财。"而如果麦当劳叔叔是一副严肃的面孔，甚至愁容满脸，那估计就没有人愿意光临麦当劳了。

因此，如果你想成为人际交往的高手，那么就应该谨记：将微笑作为你的通行证，随时保持微笑，对每个人都展现笑容。

做一个善于聆听的人

卡耐基说："对和你谈话的那个人来说，他的需要和他自己的事情永远比你的事重要得多。在他的生活中，他要是牙痛，要比发生天灾数百万人伤亡的事情还更重大。他对自己头上小疮的在意，要比对一起大地震的关注还要多。"

所以，如果我们能充分利用自己的耳朵，做个善于倾听的人，使别人能在想诉说时找到一个忠实的听众，那对方一定会觉得自己受到了重视，从而愿意和你建立良好的关系；而当别人说话时，你不用心听，或者也抢着说，对方就会失去说话的兴趣，以后也不愿意再和你交谈了。

做个好听众，就要真正全神贯注地倾听，并不时附和几句，鼓励他继续说下去，这样就让你的人际交往迈出了走向成功的第一步。

让人同意你的妙招

不要直接指责对方是错的

金无足赤，人无完人。每个人都有自己的知识缺欠，犯错误在所难免。当你面对别人的错误时，你会怎么做呢？

也许你会完全置之不理，一笑而过，这是最宽容的做法，但是显得有些不负责任；如果是朋友的错误，你是有责任和义务为他指出来的。然而方式方法不同，效果可能也完全不一样。

最忌讳的三个字就是"你错了！"。这三个字的威力很大，它可以瞬间瓦解一个人的自尊，让对方产生抵抗和逆反的情绪，并极力维护自己的错误。这样，就算你指出了他的错误，他也不会感谢你的，也许还会由朋友变成敌人。最好换一种较为和缓的语气，既顾及对方的面子，又让他能听得进去，不会因为这个错误而伤及你们之间的感情。如果你面对的是一个重要人物，这点尤其需要注意，因为在他心目中，自己的面子比那个错误重要得多。

正如卡耐基所说，你可以用神态、语调或是手势暗示一个人他错了，这和我们用言语告知一样有效。

以友善的方法开始

当你怒不可遏的时候，对人发一通脾气，心头愤懑自然会减少一些，可是对方又会怎样？你的快感他能感受到吗？你那挑衅的姿态、敌对的态度，他受得了吗？

事情的真相正像卡耐基说的那样，如果某人心里对你向来有积怨、成见，你就是磨破嘴皮也很难使他认同你。采取强硬措施也只会把事情搞得更糟，对方一定不会向你屈服。但如果用诚心和温和的言语来化解，我们或许能得到对方最终的认同。

美国著名篮球明星乔丹在公牛队时，皮蓬是队里最有希望超越乔丹

的新秀，于是他时常流露出一种对乔丹不屑一顾的神情，还经常说乔丹在某方面不如自己，自己一定会把乔丹打倒等等。但乔丹没有把皮蓬当作潜在的威胁而排挤他，反而对皮蓬处处加以鼓励。

一次，乔丹对皮蓬说："我俩的三分球谁投得好？"皮蓬有点心不在焉地回答："你明知故问什么，当然是你。"因为那时乔丹的三分球成功率是28.6%，而皮蓬是26.4%。但乔丹微笑着说："不，是你！你投三分球的动作规范、自然，很有天赋，而且你左右手都能投；我投篮多用右手，不习惯用左手。我还需要向你学习。"皮蓬听完后惊讶了，这个细节他自己都没注意，他深深为乔丹的无私所感动。从此，皮蓬和乔丹成了最好的朋友，皮蓬也成为公牛队17场比赛得分首次超过乔丹的球员。公牛队在这种友善的氛围中创造了一个又一个的奇迹。

尽量让对方有多说话的机会

每个人都重视自己，喜欢谈论自己。如果你留心注意一下就不难发现，即使是多年的老朋友，也喜欢跟我们说他自己的事情，而不是听我们絮絮叨叨地在那儿自吹自擂。

正像卡耐基告诉我们的，人们在急于想说服对方的时候，往往会滔滔不绝地说下去。尤其是推销员，更容易犯这个毛病。正确的做法是：尽量引导对方多说一些。他对于自己的事或是他的问题，自然要比你知道得多。所以你只需要问他问题就好了，让他来告诉你一些事。

爱德华·巴克是美国新闻界最成功的杂志编辑。他出身贫寒，接受的正规教育不足六年。他的成功之路是怎样的，说来话长。但他是怎样开始的，则可以简单叙述。

13岁时，他辍学去当童役，每周的薪水只有6.25美元。尽管处境十分艰苦，但他总是见缝插针地寻求受教育的机会。他从不搭乘公车，把车费和午饭钱都省下来，攒钱买了几本美国名人传记，而他此后所做的事更是让人惊叹。

爱德华·巴克细心研读了这些名人的传记，然后就开始给传记中的每一位名人写信，请他们把他们童年时候的情形多告诉他一些。他希望那些名人多谈谈他们自己。那些名人收到这个小孩子的信后，几乎无一例外地都回了信，详细地回答了他信中的问题，有的还邀请他共进晚餐。这个原来在西联机构传信的童役，和很多名人都通过信，如爱默生、布罗斯、奥利弗、郎菲洛、林肯夫人、休曼将军、戴维斯等。

通信后，他还利用假期去拜访他们，逐渐成为那些人家里很受欢迎的客人。巴克这种不平凡的经历，给他增添了用之不竭的信心，还激发了他的理想和斗志，他的人生也因此改变。而这一切，正是归功于他善于让别人讲述自己。

巧妙地说服别人

从称赞和欣赏开始

替人刮胡子之前，理发师通常都先敷上一层肥皂水，以减少刮胡子的阻力。同样，如果我们在批评或指出对方错误前，也先来点润滑剂，对方就能减少一些逆反和敌对的情绪，我们的建议也能更顺利地被接受。

柯立芝总统当政时，一个朋友在周末的时候被邀请去白宫做客。一进总统的私人办公室，就听到柯立芝对他的一位女秘书说："今天你看上去很不错，真是个年轻漂亮的姑娘。"

这样的溢美之词，由平日沉默寡言的柯立芝总统说出来，很是让人吃惊。那位女秘书听后竟有些不好意思，脸上现出一层红晕。只听总统又说："不用难为情，刚才的话是为了让你不要对我下边的话太过于手足无措。我希望你从现在起要对公文的标点多注意些。"

对女秘书的欲抑先扬，他虽然做得稍嫌明显了些，但其心理战术的使用却可圈可点。毕竟，人们在听到责备的话之前有些好听的话铺垫一下，心里会更好受些。

所以，要改变一个人的初衷，同时又不伤感情，避免对方难堪、反感的第一条规则是：用称赞和真诚的欣赏作铺垫。

批评别人时，先自我批评

如果有人说了一句错误的话，或者你能确定他说的不正确，想指正的话最好以这样的口吻来说："哦，不如我们来探讨一下，对此我也有个看法，当然，也不是特别确定，因为我经常搞不清，要是我说的不对你要帮我纠正一下。"

普天下的人，决不会责怪你说这样的话："我们来探讨一下，要是我说的不对你要帮我纠正。"

如果你承认自己并不是时时处处都正确，就能免去一些麻烦，也不需跟任何人争论了。这样对方也会勇于承认自己的错误。

批评对方时，不妨先把自己的错误指出来。

让对方相信改正错误很容易

卡耐基在书中告诉我们，假如你对你的孩子、丈夫，或是你的员工说，他在某事上不可救药、毫无天赋，他做的事没有任何价值，那你就彻底毁了他本来奋发向上的斗志了。但若用与之相反的态度去对待，多鼓励他，暗示他其实想做好并不难，让他感受到你对他的信任，你对他潜在能力的期许，那么，他肯定会全力以赴地把事情做到完美。

斯蒂芬·格雷是著名的医学家，他小时候有一次尝试着从冰箱里拿出一瓶牛奶，结果失手把瓶子掉在地上，牛奶溅得满地都是。他母亲来到厨房，并没有对他大呼小叫，而是说："哇，你制造的混乱还真棒！我几乎没有见过这么大的奶水坑。反正已经是这样了，在我们清理它之前，你要不要先在牛奶中玩一会儿？"他的确这么做了。几分钟后，母亲说："现在咱们该把它清理干净了。你喜欢用海绵、毛巾还是拖布？"他选择了拖布，于是他们一起清理了地上的牛奶。母亲又说："你刚才因为没有拿稳牛奶瓶而失败了，其实这件事很容易做到。现在咱们来试试你如何拿才会成功。我们可以用一个装满水的塑料瓶来试试。"后来他发现，只要用双手抓住瓶子上端就可以拿稳它。这堂课真棒！

他的母亲教会他不必害怕犯错误，错误有时很容易改正，而且在犯错过程中有时会获得学习新知识的机会。

使你的家庭生活更快乐

切莫喋喋不休

卡耐基说，如果你想尽快为你的婚姻挖掘坟墓，那就请喋喋不休吧。

事实上的确如此，唠叨是婚姻的最大杀手。

传说，苏格拉底曾经花费自己大部分的时间躲在雅典的树下思考哲理，借以逃避他那脾气暴躁的太太兰西勃。

法国皇帝拿破仑三世也受尽了唠叨妻子的苦。

奥古斯都·凯撒之所以和他的第二任妻子离婚缘就是因为他实在"不能忍受她那暴躁的个性"。

有心理学家指出：唠叨是女性普遍存在的不遵从理性的个性特质，但是男人们不是了解人性的心理学家，也不是宽恕一切的神父，所以，男人们很难承受女人的唠叨。

很多喜欢唠叨的女人并没有真正意识到唠叨对身边人的伤害：唠叨不仅会引起丈夫极大的反感，而且，生长在这样一个家庭里的男孩子，很容易成为软弱无能、缺乏个性的人。

所以当女人们知道自己爱唠叨时，就要尽量让自己摆脱这种症状。

别强求改造你的伴侣

卡耐基的夫人桃乐丝是卡耐基事业上的继承者，她的《写给女人》一书是女性缔造成熟之爱、获取人生幸福的经典之作。

她在书中指出：聪明的妻子不是改造丈夫，而是在共同点上求得生活的快乐，改造只会造成夫妻感情的危机。

夫妻之间最忌讳相互改造，两个人本来就是两个不同的个体，只是因为爱情才走到了一起。

选择了对方，就选择了对方的生活方式、人生观、价值观。因为每个人都是独一无二的，你无权用自己的观念去约束别人，用爱的借口去改造他人。

如果非要实行改造，把对方变得和自己一样，那基本上是不可能的，也是没有乐趣可言的，因为那样的结果常常会激化矛盾，被改造的一方容易从心理上产生抵触。改造的结果常常适得其反，对方不仅丝毫没变，还会产生强烈的对抗情绪，事事针锋相对。时间长了，矛盾日积月累，恩爱全消，不少夫妇因此分道扬镳。

但是，不改造不是意味着两个人就止步不前。两个人对于自己身上的缺点和不足应该有充分的认识，并互帮互助，加强沟通交流，减少抵触、敌对情绪，尽量把这些毛病改掉，这样，既能提升生命的质量，还能取得事业、爱情的双丰收。

给予真诚的欣赏

卡耐基在讲述如何让婚姻生活更幸福时提出了一条重要的原则：给予由衷的赞美。为了说明这个原则的重要性，他讲了一个故事：

帝俄时代的莫斯科和圣彼得堡有一群养尊处优的贵族，他们非常注重礼节。当他们吃过一桌可口的饭菜后，一定要让主人把厨师请到大家面前接受赞美。

为什么在对待妻子的时候不这样做呢？当她把一盘鸡烧得美味可口时，你要让她知道这一点，让她知道你懂得欣赏，你并不是在吃草，就像格恩常说的："好好捧捧这位小妇人。"你不要怕她知道，在你心中她的地位是多么重要，没有她，你就毫无幸福可言。

真诚的欣赏对人能起到很大的激励作用，这个道理很多人都懂，也会在他人身上实践，但是最容易被大家忽略的往往就是身边最亲密的人。

美国大文豪霍桑在成名之前是个海关的小职员，有一天，他垂头丧气地回家对太太说他被炒鱿鱼了。太太苏菲亚听了不但没有不满的情绪，反而兴奋地叫了起来："这样你就可以专心写书了。""是呀。"霍桑一脸苦笑地回答，"我光写书不干活儿，我们靠什么吃饭啊？"这时苏菲亚打开抽屉，拿出一沓钱。"这钱从哪里来的？"霍桑张大了嘴，吃惊地问。

"我一直相信你有写作才华，"苏菲亚解释道，"我相信你有一天肯定会写出一部名著，所以我每个星期都会把家庭费用省下来一点，现在这些钱够我们生活一年了。"有了太太在精神与经济上的支持，霍桑果真完成了美国文学史上的巨著——《红字》。

很多夫妻在结婚前是会欣赏对方的，但是随着在一起的时间越来越久，欣赏也就慢慢变成了奢侈，越来越多的则是挑剔和不满。

其实，那个人并没有变，变的是我们对待他（她）的态度。你只要多想想自己当初为什么会选择对方，心甘情愿地愿意和对方共度此生，你就会发现他（她）有很多后来被你忽略的优点。把欣赏留给自己最爱的人吧，这将是婚姻最好的保鲜剂。

权威读本

［美］戴尔·卡耐基. 人性的弱点. 刘祜，译. 北京：中国城市出版社，2006.

一生的资本

·最伟大的励志经典·

> **传世理由**
>
> 　　成功学创始人奥里森·马登的开山之作，催人奋进的励志范本；
>
> 　　世界最经典的励志作品之一，国学大师林语堂强力推荐；
>
> 　　奉行"改变你的思想，才能改变你的人生"。

经典要义

让梦想为人生引航

　　马登说："梦想是生活的航标，梦想是美好的憧憬。"每个人都应拥有梦想，每个人都应期盼将来。

　　海伦14岁时就梦想成为作家，但沉重的经济压力使她像一般人一样，过着劳碌奔波的生活，从来没有创作过任何作品。

　　到了50岁时，好不容易卸下生活的重担，她才有机会对自己的人生做新的规划。

　　海伦加入了一个写作团体，开始尝试写作，并将自己的第一部悬疑小说寄给了3家出版社。结果，她收到了3份退件。海伦仍不死心，又将书稿寄给了33家代理商，但是这33家代理商同样寄了33份退件给她。

　　他们客套地称赞海伦颇具创意，但是从事写作，光有创意是不够的，言下之意，他们认为海伦的作品除了创意之外一无可取。

　　但海伦却并不为此感到沮丧，她很高兴听取来自四面八方的意见，并虚心地把这一切都看成是学习的机会，因为这些意见让自己知道哪些方面比较欠缺，哪些部分需要加强。

凭着对写作的热情，她参加了一个犯罪调查和辩论技巧的研习班，开始收集有关犯罪事件的文章，并经常请教犯罪学专家，从中汲取各种写作经验。

经验使人成长，海伦内心积累的能量越来越多，也受到越来越多的启发，她把各种零星事件串联起来，开始了故事的构思。

后来，海伦带着完成好的前半部作品参加了一个作家会议。开会之前，海伦用心调查了每位代理商的背景，并决定把书稿交给其中最具潜力的一家。

这一次，代理商没有支支吾吾，看完海伦的小说，只问了一个问题："你想要多少稿酬？"

海伦想了片刻，大胆提出足以令她安心写作两年的价钱："12万美元。"

代理商欣然同意。于是，海伦出版了她的第一部小说《盐的世界》，当时她已经52岁了。

无论你的年龄有多大，无论你正在做什么样的工作，只要坚定梦想，并勇于去实现，你的人生就会绽放光彩。因为，为梦想而拼搏的人生，才是最精彩、最纯粹的人生。

把握成功的机遇

何为机遇？机遇即我们平时所说的机会、运道。把握住机遇的人必定会走向成功，而丢失机遇的人却永远不会到达成功的彼岸。

正如马登所言，每个人都是自己命运的设计师，每个人都是自己命运的建筑师。可以说，人一生的命运就是由一连串的机遇拼接而成的。自己的一生是否精彩，关键在于能否抓住机遇。小机会往往是大事业的开始。如果客观条件类似，成功与否通常掌握在人们自己手里。愚蠢的人一次次以种种借口坐失良机，而聪明的人则能够把不起眼的机会利用到极限，甚至创造新的机遇。

人们常说"机遇可遇而不可求"，其实，平白无故能"遇"到机遇的机会不能说没有，但是即使有恐怕也是微乎其微，毕竟机遇不会无缘无故地降临。机遇的出现，虽然带有一定的偶然性，但它又以必然性为基础。如果你有足够的勇气，睿智的脑袋，敏锐的观察力、判断力，机遇就可以被"创造"出来。

正如马登所说，失败者的借口总是："我没有机会！"失败者常常说，他们之所以失败是因为缺少机会，是因为没有得到垂青，好位置都让他人捷足先登了，等不到他们去竞争。

可是有意志的人决不会找这样的借口，他们不等待机会，也不向亲友们哀求，而是靠自己的苦干努力去创造机会。他们深知，唯有自己才能给自己创造机会。

愚蠢的人总是浪费机遇，平常的人只会等待机遇，而聪明的人却善于创造机遇。亲爱的朋友，请好好思考马登的话，牢牢把握你人生的每次机遇吧，当到达成功的顶点时，你就会庆幸，你的命运原来掌握在自己的手中！

成功需要努力

成功是每一个人都希望的，不管是学业还是事业。成功能给人们带来喜悦。

怎样才能成功呢？也许有人会说，成功是需要机遇的，自己没有成功，只是因为没有碰到好的机会。但是机遇只是实现成功的一个必备条件，却不是充分条件。马登在书中就说道："有人认为，机会是打开成功大门的钥匙，一旦有了机会，便能稳操胜券，走向成功，但事实并非如此。无论做什么事情，即使有了机会，也需要不懈的努力，这样才有成功的希望。"

成功的背后总有一段辛酸的历程，要想丰收，就必须洒下辛勤的汗水，付出百分之百的努力。为了更好地说明这个道理，马登举了爱因斯坦的例子。

爱因斯坦是20世纪最杰出的科学家。爱因斯坦儿时并没有显露出天分，4岁时还不大会说话，人们甚至怀疑他是低能儿。父母很担心他是哑巴，曾带他去医院检查。还好，小爱因斯坦不是哑巴，但他到9岁时讲话还不是很流畅，所讲的每一句话都必须经过吃力而认真的思考。爱因斯坦在念小学和中学时，功课平常。由于他举止缓慢，不爱同人交往，老师和同学都不喜欢他。教他希腊文和拉丁文的老师对他更是厌恶，曾经公开骂他："爱因斯坦，你长大后肯定不会成器。"而且因为怕他在课堂上影响其他学生，竟想把他赶出校门。爱因斯坦第一次报考苏黎世工业大学的名落孙山，后到阿劳中学补习一年，才考入该大学的师范系。然而，正是这么个"低能儿"，终于靠着自身的努力和对科学的不懈追求,成为20世纪最伟大的科学家,创立了震惊世界的"相对论"。有一次,一个美国记者问爱因斯坦成功的秘诀。他回答:"早在1901年,我还是22岁的青年时,就已经发现了成功的公式。我可以把这公式的秘密告诉你,那就是A=X+Y+Z! A就是成功,X就是努力工作,Y就是懂得休息,Z就是少说废话!这公式对我很有用,我想对其他人也是一样有用。"

看了上面的例子,你能明白马登所说的话了吗?只有努力才能使你成为真正的成功者。如果失败了,你就该问问自己真的尽力了吗?尽力了仍没有成功也不要难过,下次再努力。千万不要随便放弃,努力才是成功的根基。要相信,天下无难事,只怕有心人。

追求尽善尽美

马登说,如果每个人都能凭良心做事,不怕困难、不半途而废,那么非但可以减少许多惨祸,而且还可使每个人都具有高尚的人格。在实际工作中,如果人人都把"尽善尽美"作为标准来要求自己,督促别人,不仅工作会进行得非常顺利,工作伙伴之间也会彼此影响,相互激励。

美国前国务卿基辛格博士有一天把他的助理叫过来问:"这是不是你能拟订的最好计划?"助理犹豫地回答:"我相信再做些改进,一定会更好。"两周之后,助理呈上了新的计划。基辛格又问他同样的问题。助理后退一步,喃喃地说:"也许还有一些可以改进的……也许需要再说明一下……"助理日夜工作,甚至睡在办公室里。三周过后,他得意地将计划呈给基辛格。当再次听到那熟悉的提问时,助理激动地说:"是的,先生!""很好。"基辛格说,"这样的话,我就有必要好好地读一读了!"

基辛格为了找到最佳计划,两次退回了助理的计划,由此可见,追求尽善尽美,把工作做到最好,对每个员工和管理者都十分重要。

马登还说,日常生活中,我们购买商品时挑剔的眼光,就是"零缺陷"的眼光,就是完美的标准,那么,我们为什么不能用完美的标准来指导我们的工作、检查我们的工作呢?只有将完美的标准与我们倡导

的精细的工作作风有机地结合起来，才能走出"差不多就行""马马虎虎"的工作误区。

事实上，追求尽善尽美，表达的是一种决不向任何不符合最高要求的做法妥协的决心。它要求人们努力工作，把工作当作自己的事情来做，以达到完美的境界。

司特莱底·瓦留斯先生是一位著名的小提琴制造商，他制作一把小提琴，往往需要很长的时间。如今，他制造的成品已成稀有珍品，每件都价值连城。可见世上任何宝贵的东西，如果不付出全部精力、不畏千辛万苦地去做，是不可能成功的。

做事要求尽善尽美，不但能够使你迅速进步，并且还将大大地影响你的性格、品行和自尊心。任何人如果要瞧得起自己，就非得秉持这种精神去做事不可。

快些下决心吧，就像马登告诉我们的那样，不要管别人做得怎么样，事情一到你的手里，就非将它做到完美不可。你一生的希望都在上面，千万不要再让那些偷懒、取巧、拖拉、不整洁的坏习惯来阻碍你了！

培养正直的品格

正直的品格，在这里主要指的是道德情感。古往今来，人们崇尚正直，歌颂正直，原因就在于正直的人除暴安良，扶弱济贫，见义勇为；正直的人坚持真理，修正错误，秉公办事；正直的人一身正气，疾恶如仇，勇于同邪恶势力做斗争。

从"正直"的字面意思来说,"正"就是符合标准方向,不偏斜;"直"就是不弯曲,不偏斜。"正"与"直"合起来的意思就是公正、直爽。

正直的道德内涵是十分丰富的,它既是一种公正的道德意识,又是一种高尚的道德情感,还是一种纯正的思想作风和正当的道德行为。

在英文中,它的基本意义是"完整"。同样,一个正直的人也不会把自己分成两半,他不会心口不一,想一套、说一套——实际上他也不可能撒谎;他也不会表里不一,说一套、做一套——这样他会违背自己的原则。

正直是立身处世的根基。正直是人生之宝,是一种高贵的人格。正直的人,心胸始终是坦荡的,正所谓"身正不怕影斜"。正直的人行事端正、光明磊落,在关键时刻更是义形于色,见义勇为。正直会赢得人心,邪恶则会丧失人心。

马登告诉每一个人:无论你从事何种职业,你都不但要在自己的职业中做出成绩来,还要在做事过程中建立高尚的品格。无论你做一个律师、一名医生、一个商人、一个职员、一个农夫、一个议员,还是一个政治家,你都不要忘记,你是在做一个"人",要做一个具有正直品格的人。这样,你的职业生涯和生活才会有更大的意义。

诚信,成功之基

很久以前,西方有位哲人说过:这个世界上只有两样东西能引起人内心深处的震动,一个是我们头顶上灿烂的星空,一个则是我们心中崇高的道德准则——诚信。这种说法和马登提倡的诚信是一致的。说谎和欺骗在短时间内也许能给一个人带来一些经济利益，但同时也让这个人失去了人一生中最重要的资本——诚信。

那么，在讲诚信之前，我们一定要弄清楚，到底什么是诚信呢？

诚，即真诚、诚实；信，即守承诺、讲信用。诚信就是诚实、守信。

诚是信的基础与前提。只有诚信于心，才会言行一致。通俗地说，就是"说老实话、办老实事、做老实人"。

人生活在社会中，总是要与他人和社会发生关系的，处理这种关系必须遵从一定的规则，有章必循，有诺必践，否则，个人就失去立身之本，社会就失去运行之规。

一个人若要成功，就该把讲信誉作为自己生命里一件最重要的事情，不断地向别人证明你是一个可靠的人，一个值得信赖的人。人们只有相信了你，才会去相信你的观点、思想或产品。一个人拥有了诚信，才会赢得更多的朋友、更多的合作者和更多施展自己才华的机会；一个企业拥有了诚信，才会在激烈的市场竞争中站稳脚跟，赢得巨大的利润。

著名影星成龙就是一个很讲诚信的人。那时，成龙只有二十多岁，独自一人在香港打拼。尚未成名的他正在拍一部戏时，有人请他去当导演拍另一部戏，并许诺给他100万。成龙立刻为之心动，但转念一想：我一走就是违约，正在拍的戏可能就要提前"封镜"，即使支付违约金，公司可能也要面临很大的损失。于是，他毅然放弃了这100万和成为导演的机会。

令成龙没有想到的是,此事被公司知道后,公司主动买下了那个剧本,让成龙自导自演。很快,成龙为公司利益不惜放弃个人利益的事就在演艺圈传开了……

后来,成龙在一个央视节目中说,如果当时离开剧组,他的一生可能就要改写。

我们无须埋怨世态炎凉、人心不古,因为美好的一切就在你我手中。从我做起吧,"面对篝火,我们需要自己带上火柴才能取暖";从身边的小事做起吧,播种诚信,我们得到的将不仅仅是朋友的信任,还有值得信赖的整个世界,因为诚信的期盼同样存在于大多数人的心里。诚信是理想的春雨催出的鲜花,诚信是攀登美德高峰的手杖,诚信更是塑造成功的使者!

保持头脑镇定

有的人在任何环境、任何情形之下,总是保持着一个清醒的头脑,在别人陷入慌乱时保持着镇静,在旁人都在做愚蠢可笑的事时仍保持正确的判断。能够这样做的人,都是具有相当的智慧和自制能力的人。

头脑糊涂的人,面临突发事件或重大的压力就会惊慌失措。这样的人是一个弱者,是不足委以重任的。在别人束手无策时知道怎样想办法的人,在别人混乱时仍然镇静的人,责任于肩、压力于身仍不会慌张混乱的人,才会受人欢迎、被人重视。

在职场中，常常有这样一些人，他们在各方面的能力或许还不及别的职员，但反而会突然升上重要的职位。

雇主的眼光并不在职员的"才华"，而在其是否是个头脑清醒、理智健全、判断力正确的人。因为他们知道，业务之安全、团体之柱石，就系于那些有正确判断力、有健全理智的职员身上。而这样的职员，就是头脑清晰、精神平衡的人。

头脑清晰、精神平衡的人的特征，就是不因环境情形之变更而有所改变。因为他有主见，金钱的损失、事业的失败、忧苦与艰难都不足以

破坏他精神的平衡。他也不会因小有成功、小有顺利而傲慢自满起来。因此不管处在何种环境之中，有一件事是每个人都可以做到的，这就是脚踏实地，即使跌倒也可立刻站起来，而不致失去平衡。

马登在书中为我们举例说明："海洋中的冰山，在任何情形之下都不为狂暴风浪所倾覆，它是我们绝好的榜样。无论风浪多么狂暴，波涛多么汹涌，那矗立在海洋中的冰山，仍岿然不动，好像没有被波浪撞击过一样。这是为什么呢？原来冰山庞大体积的八分之七都隐藏在海平面之下，稳当、坚实地扎在深海中，这样就不会为水面上波涛的撞击所撼动。既然冰山在水底有巨大的体积，当狂暴的风浪去撞击水面上的冰山一角时，它丝毫不动，那也就不足为奇了。"

精神的平衡，往往代表着"力量"，因为精神的平衡是精神和谐的结果。片面发展的头脑，不管在某一方面是多么发达，也永远不会是平衡的头脑。一棵树木，假若其全部的汁液只输送给一条巨枝，而使其他部分枯萎至死，那它就决不能成为一棵繁茂的大树。

理智健全、头脑清晰的人是不多见的，他们常常是"供不应求"的。我们常可以看到，许多有本领的人、在多方面能力很强的人，也会做出种种不可理解、愚不可及的事情。他们不健全的判断、不清晰的头脑常常阻碍了他们的前程。头脑不清晰、判断不健全，这种不良声誉，会使得别人不敢信任你，因此大大有害于你的前程。

我们大多数人总是做出二等三等的判断，而不想努力去做出头等的判断，是因为前者省力得多。

马登最后总结说，假如你能常常强迫自己去做那些应该做的事，而且竭尽全力去做，那么你的品格、你的判断力必会大大增强，你自然会被人承认，被称为头脑清晰、判断健全的人了。

权威读本

　　[美]奥里森·马登. 一生的资本. 包刚升, 李丽娟, 译. 北京: 中国档案出版社, 2003.

世界上最伟大的推销员

·最伟大的励志经典·

传世理由

风靡西方世界的"商业《圣经》";

美国杰出企业家、演说家、作家奥格·曼狄诺著;

营销大师无往不胜的智慧之源;

优秀员工"成功的钥匙"。

经典要义

战胜失败,重新再来

"失败是成功之母",这句话大家都耳熟能详,但是真正懂得并会去实践这句话的人则是少之又少。

也许只有那些已经获得成功的人才深知这句话的含意吧。现实生活中很多人可能都会遭遇失败:考试没有通过,恋爱没有成功,公司经营得不理想……任何人的成功都不会一帆风顺,遗憾的是,一些人只会用"失败是成功之母"这句话来应付自己,抚慰自己受挫的情绪,而不愿继续奋斗,所以他们一直未曾成功。

保罗·J·万耶有一句话非常有道理:"百分之九十的失败者其实不是被打败的,而是自己放弃了成功的希望。"

害怕失败的人有很多,他们害怕失败的原因也有很多。例如:害怕挨批评,害怕冒风险,害怕失去自信,害怕再也没有机会了等等。

许多善良的、聪明勤劳的人都被失败压倒了,他们一碰到障碍就放弃了努力，所以梦想永远无法实现。

然而，并非所有的人都是这样的。历史上最有成就的人大多都受过无情的批评，或受到过挫折，但他们坚忍不拔，勇于对抗失败。

例如亨利·福特，他头两次涉足汽车行业都破产了，但是他并没有因此而倒下，他继续努力，第三次终于成功了，而且创立了一个世界上最大的汽车生产厂家。

"没有人不经历失败"，那么我们应该怎么样战胜失败呢？

一、认清失败的本质。

要战胜失败，首先就要了解失败，认清失败的本质。失败不是永久的，它只是暂时的挫折，是帮助你获得成功的宝贵经验。延误不一定是致命的，压力也不一定是永恒的。应当把失败看成是成功路上的里程碑，而不是棺材钉。如何看待失败，完全是一个态度问题。

二、检讨失败，吸取教训。

不成功的人浅尝辄止，放弃继续奋斗。他们认为："第一次不成功就销毁了所有一切努力过的证据。"而成功的人却恰恰相反，他们在第一次失败后认真地检讨自己，吸取教训，然后继续努力。如有必要，他们甚至重复失败的过程，以求学到更多的东西。因为他们坚持到底，所以他们迎来了成功。

三、看清自己的弱点。

从失败中学习，最重要的就是找出导致失败的个人弱点。要做到这一步，需要你真正坦诚地面对自己的个性，认真审视自己。一旦发现了自己的弱点，就要尽力去克服它。

四、调整你的努力。

战胜失败的另一个重要环节是调整你的努力。不断地重复错误,是不能战胜失败的。但是,有些人却常常这样做,他们不断重复错误,一心期盼会有不同的结果。

五、不要因为害怕犯错误就放弃尝试新事物。

不犯错误,你就学不到东西。我们甚至可以用一个人犯错误的次数来衡量他是否乐意从尝试新事物中学习。如果你在年终回顾过去的一年时说"我没犯任何错误",也许你并未尽力尝试新事物;如果你能说"我犯了好多错误,但这些错误是我在努力尝试、不断成长中和冒风险时犯下的",也许你正在学习,并已经有了进步。

六、不要误以为机会不会再来。

"机会来时显得小,去时显得大。"看到失去的机会很容易,但要发现还未到来的机会就难得多。所以你必须要有洞察力,善于发现并抓住一切机会。

拥有爱心,成就未来

曼狄诺告诫我们,爱是人类最伟大的主题,只有爱才能融化所有的仇恨。

你若富有爱心,你就具备了成功的一个重要条件——品德。你的成功将变得更为容易。

富有爱心是成功学的一条基本定律。

1929年,美国人伊勒·C·哈斯只是一位非常普通的医生,他行医、娶妻、享受天伦之乐;他还热衷于发明创造,且十二分地投入。

好几次,他无意中听到妻子抱怨自己身为女人有种种的不方便,尤其是每月的那几天……深爱妻子的哈斯医生觉得自己该为妻子做点什么,他放下手头的发明试验,坐到了她身边。

哈斯夫妇进行了一次亲密无间的谈话。

哈斯医生终于明白了妻子的苦恼,他一连几天躲在实验室里……世界上第一支女性内用卫生棉条就这样诞生在一个时刻关爱妻子的医生手上。

这项服务于女性的发明,于1933年获得了专利,它首销于美国,后来被一百多个国家的妇女所接受。这项专利无疑带给哈斯医生巨大的财富，而哈斯太太一生所感念的，却是丈夫的那颗仁爱之心。

拥有一颗善心、一种爱人的心情、一种为爱敢于付出又能够付出的资质，就是拥有了无与伦比的财富。

有时对别人的关爱会让你的收获比付出更多。

第二次世界大战爆发后，欧洲战场异常惨烈。有一天，盟军统帅艾森豪威尔将军乘车回总部参加紧急军事会议。

那天的天气非常寒冷，空中飘舞着鹅毛大雪，地上的积雪也被碾成了冰，行走起来十分困难。

艾森豪威尔的汽车小心翼翼地在冰上行驶着。

忽然，他看到一对法国老夫妇坐在路边，佝偻着身子，看样子被冻得十分厉害。

他赶紧命令身边的翻译官上前去询问有什么可以帮助的。

坐在车上的参谋急坏了，赶紧阻止说："我们的会议马上就要开始了，不要被这对老夫妇耽误了。把他们交给这里的警方处理吧！"

艾森豪威尔听了，丝毫没有犹豫，他坚定地说："不行！我命令你立刻下车处理这件事情。等到这里的警方赶到，他们很可能已经被冻死了！"

没办法，参谋和翻译官只好下车去问个究竟。

原来，这对老夫妇正准备去巴黎投奔儿子，但因为车子抛锚，前不着村，后不着店，不知如何是好。

艾森豪威尔立即把这对老夫妇请上车，特地绕道去了趟巴黎。送完这对老夫妇之后，他们才风驰电掣地赶去参加紧急军事会议。

尽管艾森豪威尔当时根本没有行善图报的动机，然而，他的善心义举却得到了意想不到的回报。

原来那天几个德国纳粹狙击兵虎视眈眈地埋伏在艾森豪威尔必经的那条路上，如果不是因行善而改变了行车路线，他恐怕很难躲过这场劫难。

如果艾森豪威尔因遭到伏击而身亡，那么第二次世界大战中欧洲的战史就很可能会因此而改写！

事情就像曼狄诺所说的那样，没有爱心的人，不会有太大的成就。不愿奉献的人，不能忍让的人，对人冷淡的人，缺乏爱心的人，也不太可能得到别人的支持；失去别人的支持，离失败就不会太远了。有多大的爱心，就会有多大的成绩。

坚持不懈，方能成功

生命的奖赏远在旅途终点，而非起点附近。我不知道要走多少步才能达到目标。踏出第1000步的时候，仍然可能遭到失败，但成功可能就藏在拐角后面。

曼狄诺向读者传达的思想是：成功的道路上总是布满了荆棘，一个人要想干成大事，就要不怕困难与险阻，尝试再尝试，努力再努力。坚持不懈，持之以恒，才能品尝到成功的滋味。

有幅漫画中画着一个青年人挖井找水，挖了四五个深浅不一的坑都没有出水，他不断地挖新的坑。漫画下部的文字反映了他的心思：这下面没有水，再换个地方挖吧！而事实并非如此，那些坑只要再挖深一些，就可能找到丰富的水源。

这幅漫画中的青年人始终没有找到水，是因为他不肯在一个地方持之以恒地挖下去，结果白费了力气。它告诉我们一个哲理：要想获得成功，除了肯花力气外，还要目标专一、持之以恒、坚持不懈，浅尝辄止者是不会成功的。

曼狄诺说："当我精疲力竭时，我要抵制住回家的诱惑，再试一次。我一试再试，争取每一天的成功，避免以失败收场。我要为明天的成功播种，超过那些按部就班的人。在别人停滞不前时，我继续拼搏，那么，终有一天我会丰收。"

有些人无论做什么事，刚开始时都能付诸实力，但是随着时间的推移、难度的增加以及精力的耗费，便产生了畏难情绪，接着便停滞不前以至退避三舍，最后放弃了努力。

平庸的人和杰出的人，其不同之处就在于能不能坚持。坚持下去就是胜利，半途而废则前功尽弃。

在学习和工作中，无论你是否犯过浅尝辄止的错误，只要现在下定决心，认定一个正确的目标，不懈地努力，你就一定会获得成功。"科学路上无捷径，专一不懈获成功。"

同时，这些事例也证明了难与易是相对的。对于意志坚强的人来说，知难而进，可以闯过险阻，化难为易，摘取荣誉的桂冠；而对于意志薄弱的人来说，知难而退，优柔寡断，只能望洋兴叹，难以体验到成功的喜悦。

朋友，当困难绊住你成功脚步的时候，当失败挫伤你进取雄心的时候，当负担压得你喘不过气的时候，不要退缩，不要放弃，不要裹足不前，想想曼狄诺的话，请你一定要坚持下去，因为只有坚持不懈才能通向成功。

重视自我，实现价值

曼狄诺在书中用非常鼓舞人心的文字告诉我们：每个人都是大自然最伟大的奇迹。你的头脑、心灵、眼睛、耳朵、双手、头发、嘴唇都是与众不同的。言谈举止和你完全一样的人以前没有，现在没有，以后也不会有。在这个世界上，你是独一无二的，因此你的生命也具有独特的价值。

很多人因为遭受了打击就一蹶不振，认为自己的一切将不再有价值。他们错了，他们忘了有一种价值是可以自己决定的，那就是"生命的价值"。要自己看重自己，自我珍惜，生命才会有价值。只要你有信心和恒心，肯再次努力，那么你生命的价值就能实现。

一个生长在孤儿院的男孩常常悲观地问院长："像我这样没有人要的孩子，活着究竟有什么意思呢？"院长总是笑而不答。

有一天，院长交给男孩一块石头说："明天早上，你拿这块石头到市场上去卖，但不是真卖，记住，无论别人出多少钱，都绝对不能卖。"

第二天，男孩蹲在市场的一角，他意外地发现，有好多人都想买他那块石头，而且价钱越出越高。

回到孤儿院里，男孩兴奋地向院长报告整个情况。院长笑笑，要他第二天把石头拿到黄金市场上去卖。

在黄金市场上，竟有人要出比前一天高10倍的价钱买那块石头。

最后，院长叫男孩把石头拿到宝石市场上去展示。结果，石头的身价较在黄金市场那天又涨了10倍。再加上男孩怎么都不肯卖，石头竟被传扬为稀世珍宝。

男孩兴冲冲地捧着石头回到孤儿院，将这一切禀报给了院长。院长望着男孩徐徐说道："生命的价值就像这块石头一样，在不同的环境中有不同的意义。一块不起眼的石头，由于你的惜售而提升了它的价值，甚至被视为稀世珍宝，你不就像这块石头一样？只要自己看重自己，自我珍惜，生命就有意义、有价值。"

这个故事反映了一个最朴素的道理：只有重视自己，自我的价值才能显现出来。人必须要肯定自己，勇于创造并肯定自我的价值，千万不要因为别人的否定而丧失了自信，要做个有自信、有能力的人，也就是善于创造自我价值的人。

当你失去了所有身外价值的时候，不要忘了你还有生命的价值。

当你尝试到一切失败的滋味的时候，别忘了还有一样永远是你自己在操纵的东西，那就是——生命的价值。

珍惜今天，把握现在

有人说：人的一生有三天——昨天，今天，明天。这三天组成了人生的三部曲，而其中只有"今天"，才是构成人生的最宝贵的元素。不会珍惜今天的人，既不会感怀昨天，也不会憧憬明天。今天是所有人的财富，无论年老的还是年少的，无论是亿万富翁还是平民百姓，无论是你、是我还是他都拥有"今天"。

可是，人们往往容易在今天迷失自己。天涯漂泊，世事沉浮，沧桑变化，回不到过去，也触摸不到未来，在挫败中，我们渐渐迷惘、彷徨，跟随而来的是意志消沉、萎靡不振。如果不能摆正心态，而一直使自己陷于困境，那么，不要说未来，从前的光辉业绩也会被一扫而光。其实，适当的忧虑对所有人来说都是正常的，我们应当坦然面对，要相信这样的心态会转瞬即逝。如果总被暂时性的情绪所困扰，荒废了一个又一个的今天，那才是真正的得不偿失。社会是永远向前发展的，所以，我们要做的就是把握现在，迎难而进，争取每一个机会，向着未来一步步迈进。

曼狄诺说："生命只有一次，而人生也不过是时间的累积。我若让今天的时光白白流逝，就等于毁掉人生的最后一页。"也许在我们的人生中，"今天"只是一个极其短暂的瞬间，或是一朵不起眼的浪花，然而正是这无数的瞬间和不起眼的浪花组成了欢乐的岁月和人生。回首往事，很多人感叹时间过得太快，其实只要我们实实在在地走过每一个今天，人生之路就会留下深深的足迹。

就像作者在书中所说的那样，只有今天是真实的，唯有这真实才显示了人生的珍贵。世界上最可贵的就是今天，最容易丧失的也是今天，今天的魅力就在于它只有一次。

对此，我们常常不以为然，我们总认为，生命中还有无数个今天，其实，如果不抓住今天，明天、后天同样会从你手中溜走。

从这个意义上讲，如果谁不能把握住今天，那他也就不能拥有明天，不能拥有未来。

由此看来，最值得我们珍惜的就是今天。"今日复今日，今日何其少；我生有今日，万事能办好。"今天虽然是短暂的，但只要你能紧紧抓住它，你的事业就能大放异彩。

权威读本

［美］奥格·曼狄诺. 世界上最伟大的推销员. 安辽，译. 北京：世界知识出版社，2003.

羊皮卷

·最伟大的励志经典·

传世理由

人生的"《圣经》";

世界上最伟大的励志书之一;

全球狂销2000多万册;

影响美国近一个世纪的超级畅销书;

全球成功人士"启示录";

一部助人超越自我极限的奇书;

人类成功学史上的一颗明珠。

经典要义

了解情绪，控制情绪

"情绪"就像影子一样与每个人形影不离，我们在日常工作、学习和生活中时时刻刻都能受到它的影响。

正如曼狄诺在书中所说："潮起潮落，冬去春来，夏末秋至，日出日落，月圆月缺，雁来雁往，花飞花谢，草长瓜熟，自然界万物都处在循环往复的变化中，我也不例外，情绪会时好时坏。"

英国医生费里斯和德国心理学家斯沃博特曾同时发现了一个奇怪的现象：有一些病人因头痛、精神疲倦等，每隔23天或28天就来治疗一次。于是他们就将23天称为"体力定律"，28天称为"情绪定律"。20年后，特里舍尔发现学生的智力是以33天为周期变化的，于是他就将其称为"智力定律"。人们后来将"体力定律""智力定律"和"情绪定律"总称为

"生物三节律"。

一个人从出生之日到离开世界，"生物三节律"自始至终没有丝毫变化，而且不受任何后天的影响。三种节律都有各自的高潮期、低潮期和临界日。以情绪为例，在高潮期内，人的精力充沛、心情愉快，一切活动都被愉悦的心境所充盈；在临界日内，自我感觉特别不好，健康水平下降，心情烦躁，容易莫名其妙地发火，容易发生事故；而在低潮期内，情绪低落，反应迟钝，一切活动都被一种抑郁的心境所笼罩。

下面有几种方法可以帮助你摆脱消极情绪，培养积极情绪。

一、寻找原因

当你闷闷不乐或者忧心忡忡时，你要做的第一件事就是找出原因。

二、睡眠充足

匹兹堡大学医学中心的罗拉德·达尔教授的一项研究发现，睡眠不足对我们的情绪影响极大。他说："对睡眠不足者而言，那些令人烦心的事更能左右他们的情绪。"

三、亲近自然

亲近大自然一直被认为是放松心情、抚慰情绪的好办法。著名歌手弗·拉卡斯特说："每当我心情沮丧、抑郁时，我便去从事园林劳作，在与那些花草林木的接触中，我的不快之感也烟消云散了。"

四、经常运动

另一个极有效的驱除不良心境的办法是锻炼身体。哪怕你只是散步10分钟，对克服坏心境都能有立竿见影之效。研究人员发现，运动能使人的身体产生一系列生理变化，其功效与那些提神醒脑的药物类似。而且运动比药物更胜一筹，它对人百利而无一害。

五、合理饮食

有关研究表明，人的喜怒哀乐与饮食有一定的关系。有的食物能令人愉悦、舒畅、安宁，有的食物则使人焦虑、忧郁、烦躁。要确保心情愉快，你应养成一些好的饮食习惯：定时就餐（早餐尤其不能省），限制咖啡和糖的摄入（它们都可能使你过于激动），每天喝6至8杯水（脱水易使人疲劳）。

六、积极乐观

一些人往往将自己的消极情绪和思想等同于现实本身。其实，周围的环境从本质上说是中性的，是我们给它们加上了或积极或消极的价值，问题的关键在于你倾向于选择哪一种。我们心情的不同往往不是由事物本身引起的，而是取决于我们看待事物的方式的不同。

曼狄诺在书中说："我从此领悟人类情绪变化的奥秘。对于自己千变万化的个性，我不再听之任之，我知道，只有积极主动地控制情绪，才能掌握自己的命运。"可见，我们要学会控制情绪，从而掌握自己的命运。

笑遍世界，笑对人生

没有一个婴儿是笑着来到人间的。人的一生总是有太多的坎坷，但我们不能因此而唉声叹气。即使有一千个哭的理由，我们也要找出第一千零一个理由去笑，告诉自己要笑对人生。

对于每个人而言，不是所有事情都那么容易，理想都一定能实现，所以在面对困难和挫折时，我们应该激流勇进，笑对人生。就像曼狄诺告诉我们的那样：我要笑遍世界！

笑对人生是一份超然。应该用超然的心态看待一切，不去苛求。但凡遇事要想得开、看得透、拿得起、放得下，不为功名利禄所缚，不为荣辱得失所累，得之淡然，失之泰然。以宽宏大量和豁达大度去容忍别人和容纳自己，才能从苦境和困惑中解脱出来；心静如水，波澜不惊，才能步入"淡泊明志、宁静致远"的超然境界。我们应该具有这样一种气度："宠辱不惊，闲看庭前花开花谢；去留无意，漫随天外云卷云舒。"

笑对人生是一种乐观。有一位老人患上了绝症——肺癌，当得知自己来日不多时，他不但没有在病魔面前退缩，反而更加乐观、更加勇敢。他立下遗嘱后便骑着自行车四处游玩。仅仅几个月，他游遍了很多早就想去但一直没有时间去的地方，认识了许多朋友。一路上，许多好心人帮助过他，他也帮助过许多不幸的人，甚至开导过几个像他一样身患绝症的人。可能正是因为老人开朗的心态，他竟奇迹般地继续活了下来，病魔似乎被他的乐观吓呆了，退缩了。快乐对人的生命起的作用有多大啊！老人用行动证明了，一个病魔缠身的人，只要保持乐观的心态，与病魔做斗争，勇敢地面对自己、面对不幸、面对人生，那他肯定能够战胜病魔。

笑对人生是一份自信。有自信就有希望，有自信就有朝气。一个坚韧自信的人必会意志坚定，不易被挫折失败所左右，始终充满活力，焕发光彩，洒脱自如。

人生就像一杯浓浓的咖啡，既然选择了它，你要学会慢慢地品尝它，虽然苦涩难吞，但是清香怡人。作为命运主宰者，我们一定要坚强，用耐心克服一切，从容地面对困难与挫折，由此，生命的希望之树才会蓬勃向上、生生不息。多姿多彩、充满挑战的人生才是真正的人生。笑对人生是实现梦想的灵丹妙药。

重视自己，发掘价值

曼狄诺在书中说道："我和一颗麦粒唯一的不同在于：麦粒无法选择变腐烂还是被做成面包，或是被种植生长，而我有选择的自由。我不会让生命腐烂，也不会让它在失败、绝望的岩石上被磨碎，更不会让它任人摆布。"

的确如此，生活中的我们犹如一颗麦粒，社会为我们提供了阳光、种子、土壤、水等成长必需的条件。所以，请认真对待遇到的每一件事吧，无论好与坏，历经挫折与一帆风顺。但凡成功人士，他们都是从小事，从点点滴滴，从失败者不屑一顾的事情做起。所以请重视自己，重视自己的优缺点，在生活的点点滴滴中不断地完善自我，实现增值。

从大自然的生存竞争机制看，只有每一个个体都重视自己，强大自己，才不会被淘汰，才有利于整个种群乃至生命体系的进化，这早已成为生命的本能。绝大多数人的智力是没有明显差别的，只不过各有长短，也就是所谓的"尺有所短，寸有所长"。因而，为人处世应该讲究扬长避短，而不要妄想"遍地开花"。一个人如果总在意自己的短处，就会悲观失望；一个人的短处如果被反复攻击，那么这个人就可能因忽略自己的长处而自惭形秽，乃至自暴自弃、破罐破摔。

一个人要想有所作为，首先就要对自己有信心，充分地重视自己，树立远大的理想。当然，还要忠实于自己，不背叛自己的理想，更不能让眼前的蝇头小利遮蔽住更广泛更长远的利益。这样，你的成功才能够顺理成章、水到渠成。

诸多事实证明，积极认识自我价值，发掘自己的潜能，比学习一门技能更重要。在外界条件确定的情况下，是否能够成功，取决于是否能准确地找出自己的优势，并全力将它发挥出来。发现你的价值也许并不一定能令你取得绝对的成功，但可以肯定的是，如果没有发现它，你就一定不会成功。

曼狄诺在书中说："一颗麦粒增加数倍以后，可以变成千株麦苗，再把这些麦苗增加数倍，如此数十次，它们可以供养世上所有的城市。难道我不如一颗麦粒吗？"是的，难道我们还不如一颗麦粒吗？

立即行动，绝不拖延

成功的人，一定不是喜欢找借口拖延的人。日本松下集团的创始人松下幸之助就是一个从不找借口拖延事情的人，他对自己如此，对员工也是同样的要求。他不允许下属为工作上的失误找各种理由，要求他们承认自己的错误，发现工作上的问题。松下集团从上到下都杜绝找借口拖延的风气，所以他们成为日本的精英企业并不足为奇。

曼狄诺说："我的幻想毫无价值，我的计划渺如尘埃，我的目标不可能达到。一切的一切毫无意义——除非我们付诸行动。"

所以，行动才是一切梦想的起点。

一个成功者从来不拖延，也不会等到"有朝一日"再去行动，而是今天就开始行动。他们忙忙碌碌尽其所能做了一天之后，第二天照样接着去做，不断地努力，直到成功。

有些人总是喋喋不休地大说特说自己以前错过了多么好的机会，或者正在打算将来干多么大的事业。有些人总是幻想"假若……我就会……"所以总是以失败告终。还有这样一种人，他们看到别人取得成功时，总是又羡慕又懊恼，羡慕人家取得了辉煌的成就，懊恼自己为什么没有像他们那样去做。这种人是非常可悲的，他们不停地抱怨，认为生活是不公平的，却从不反省自己，也从不改变自己的观念。我们不能把自己置于这样的境地，一旦有了目标，有了方向，我们就应该立即行动。立即行动，也许路程会很遥远，也许过程会很艰难，但是只要做到坚持不懈，不屈不挠，迎接我们的必定是鲜花与掌声。

马上行动可以应用在人生的每一阶段，帮助你做自己应该做却不想做的事情。对不愉快的工作不再拖延，抓住稍纵即逝的宝贵时机，实现梦想。想要打电话给一个久未联络的朋友吗？马上行动！

不论你现在如何，用积极的心态去行动，你就能达到理想的境地。正如书中所言："我不把今天的事情留给明天，因为我知道明天是永远不会来临的。现在就付诸行动吧！即使我的行为不会带来快乐与成功，但是动而失败总比坐而待毙好。行动也许不会结出快乐的果实，但没有行动，所有的果实都无法收获。"

坚定信念，永不放弃

作者告诉我们："不管你有没有宗教信仰，这些自然现象谁也无法否认。世上的所有生物，包括人类，都具有求助的本能。为什么我们会有这种本能、这种恩赐呢？"这就是信念的力量。信念是什么？信念就是坚持，就是无畏狂风暴雨的打击，依然屹立。

信念无处不在。当你面对艰难困苦时，当你因失败而气馁时，当你感到前途渺茫、孤立无援时，信念就陪在你的身旁，你只要挺起胸膛，鼓起勇气，拾起毅力，抱着"咬定青山不放松"的精神，问题将——被解决。信念犹如一汪清泉，在你绝望的时候能够源源不断地给你力量，帮助你战胜人间的风风雨雨！

也许此时天空乌云密布，也许此时周围一片黑暗，也许此时一切不安全的因素都不约而同地涌向你，侵蚀你的信念。但是无论你的处境多么艰难，你都要对自己大喊："坚持！"信念的力量是无穷的，你只要坚信黑暗过后就是黎明，黑暗过后就是成功，你就有了无穷的力量，有了坚持下去的信念。

信念是所有奇迹的萌发点。一个人的心中如果蕴含着信念，并坚持不懈地为之努力，那么，他一定会获得成功。

可以毫不夸张地说：拥有信念就拥有了成功的起点，拥有信念，就拥有了托起人生大厦的强大支柱。

信念，成就了无数英雄豪杰！

成功，是由一群平凡的人以不平凡的信念达到的！

有什么样的信念就会有什么样的力量，有什么样的信念就会有什么样的人生。但是信念并非与生俱来。如何才能选择正确的信念呢？

第一，确信信念的力量。

第二，系统地模仿成功者的信念。不要向平庸者寻求答案。不要简单地认同多数人的想法。世界上最顶尖的资讯就在那些顶尖人物的脑袋里。只有成功者的信念才能帮助我们快速获得成功。

第三，把那些成功者的信念都写下来，把它们贴在墙上，或写在笔记本的首页，使我们每天都能重复地看到。运用潜意识中视觉化的力量，不断将它强化，直到它们成为我们生命中的一部分为止。

作者在书中反复向我们传达的不就是这个意思吗？让我们保持必胜的信念，扬帆起航吧，信念会帮助我们抵达成功的彼岸！

权威读本

[美]奥格·曼狄诺. 羊皮卷. 王琼琼，译. 北京：世界知识出版社，2004.

谁动了我的奶酪

·最伟大的励志经典·

传世理由

全球畅销书，销量超过2000万册；

享誉全球的思想先锋斯宾塞·约翰逊所著；

世界500强公司员工的必读书；

一个在工作和生活中处理变化的绝妙方法；

一则帮助你笑对变化、取得成功的寓言；

一本教你如何面对改变和危机的好书。

经典要义

奶酪的故事

斯宾塞·约翰逊在书中讲述了这样一个故事：

从前，在一个遥远的地方有四个快乐的小生灵——

老鼠嗅嗅——能够敏锐地嗅出变化的气息；

老鼠匆匆——具有及时行动的能力；

小矮人哼哼——因为内心恐惧，所以否认和拒绝变化；

小矮人唧唧——能够及时地调整自己去适应变化。

他们为了吃饱肚子和打发无聊的时光，整天在不远处一座神奇的迷宫里跑动。他们用的方式各不相同，但目的都一样，就是找到黄澄澄、香喷喷的奶酪。

迷宫中的路非常复杂，房间像蜂窝似的，其中一些房间藏着香喷喷的奶酪，但更多的地方则是黑暗的角落和隐蔽的死胡同，走进去的人都很容易迷路。不过，这座迷宫有一种神奇的力量：凡是能够找到出路的人，他们都能生活得很幸福。

嗅嗅和匆匆是两只可爱的老鼠，他们的大脑比较简单，遇到问题时想得不多，并且迅速行动。另外，他们还有很好的直觉。他们寻找奶酪的方式十分简单，只是不断地从一个房间跑到另一个房间，而且看起来也不太聪明。因为迷宫太大太复杂，他们经常迷路，甚至一不小心就撞到墙上，但是他们从来不抱怨，只是不停地在迷宫里寻找着。

唧唧和哼哼有着人类的思维和行为方式，他们靠智慧行事。他们思考缜密，并不断地总结经验教训，弄出了一套复杂的寻找奶酪的方法，因此他们找到的奶酪总是比嗅嗅和匆匆要多得多，而且也不会像他们那样经常撞墙。他们为此很得意，常常奚落低智商的老鼠朋友。不过，复杂的头脑不可避免地带来复杂的感情，他们有时十分迷惑，不知道到底应该遵从理性的思维还是遵从自己的迫切想法。因此他们也会消极地看待眼前出现的问题。

有一天，四个小生灵在奶酪C站找到了大量美味的奶酪，他们高兴极了，扑进了奶酪堆便开始尽情享用起来，认为人生最大的快乐也不过如此。

快乐的生活过了没多久，有一天，嗅嗅和匆匆按照往常的习惯早早地来到奶酪C站，发现奶酪竟然不见了。他们互相看了一眼，一点也不惊讶，因为他们早就察觉到奶酪正在慢慢变少。对于老鼠来说，问题与答案一样简单，情况变化了，他们也决定随之而变化，所以他们按照直觉的指引，开始寻找新的奶酪。离开奶酪C站时，他们甚至连头也没回。

晚一点的时候，唧唧和哼哼也来到了奶酪C站。他们之前根本没有觉察到奶酪有什么变化，所以当发现奶酪不见后，他们大吃一惊，继而感到伤心和愤怒。他们恶毒地诅咒偷走奶酪的贼，甚至不愿意相信眼前的一切。他们希望第二天早上醒来所有的奶酪还在原地好好地堆着，但这是不可能的。

在痛苦中挣扎了几天的唧唧，朦胧中有了一点意识，他发现嗅嗅和匆匆也不见了，于是提醒哼哼说，那两只小老鼠也许已经找到了新的奶酪，我们也应该从痛苦中挣脱出来，重新去寻找新的奶酪。但是哼哼死也不愿意，他认为自己不应该无缘无故地失去奶酪，偷走奶酪的人会自动把奶酪再送回来，而且他应该从中得到些补偿。唧唧听了，觉得哼哼说的有道理，于是他们开始了漫长的等待。

日子一天天过去了，奶酪不仅没有回来，而且他们被饥饿和愤怒折磨得不成人样了。他们相互指责，并且开始失眠，力气一天比一天小，而且越来越烦躁易怒。

最终，唧唧等不下去了，他对哼哼说："我们走吧！"哼哼说："我不走。我喜欢这里，我只熟悉这里，离开这里我很可能遇到危险或饿死在路上。再等等吧，会有人把奶酪送回来的。"唧唧大声说："不会有人把奶酪送回来了，我们应该去寻找新的奶酪，过去的那些奶酪已经不存在了！"哼哼翻了翻白眼，没有理他。

于是，唧唧一个人走出了奶酪C站。

一路上，唧唧遇到了各种困难，并且不断地遭到孤独、苦闷、恐惧、忧虑等不良情绪的侵袭，但战胜了所有的困难后，唧唧逐渐变得成熟起来。终于有一天，唧唧找到了一个新的奶酪N站——嗅嗅和匆匆早已来到了这里。这可是最大的奶酪仓库。闻着新的奶酪，唧唧才知道原来奶酪C站的奶酪是旧的，味道远不如眼前的这些。唧唧很久没有这种感觉了，他认识到他没有比老鼠们先到是因为没有先行动，将问题复杂化了，被自己的恐惧感给控制住了。

而哼哼呢？也许他还待在奶酪C站苦苦抱怨，也许最终受不了饿肚子的痛苦也踏上了寻找新奶酪的旅程。

变化将会使事情变得更好，越早放弃旧的奶酪才会越早发现新的奶酪，"搜寻"比"停留"更安全。当你改变了自己的信念，你也就改变了

自己的行为。

遭遇变化，如果不能及时调整自己，就可能永远找不到属于自己的奶酪。阻止你发生改变的最大障碍就是你自己。唧唧一边享用新奶酪，一边开始新的检查与搜索，因为他的生活需要走向明天，随着奶酪的变化而变化，并享受变化！

承认变化，做好准备

我们都知道，世界上没有一成不变的事物。那么，面对突如其来的变化，我们该如何应对呢？在故事里，面对堆积如山的奶酪的消失，思维简单的两只小老鼠的做法明显比思维复杂的人类要积极得多。他们每天都早早赶到奶酪站，先脱下跑鞋，有条不紊地将两只鞋系在一起挂在脖子上——以便需要的时候能够很快穿上它，然后才坐下来好好享受一番。因此他们较早地发现了奶酪在变少。对奶酪的消失不见，他们早就做好了心理准备，所以没有表现出过多的惊讶，只是互相对望了一眼就毫不犹豫地取下挂在脖子上的跑鞋，穿上并系好鞋带后跑向迷宫的深处。他们开始迅速行动，去别的地方寻找新的奶酪，甚至连头都没有回一下。

那两个小矮人呢？他们在刚开始的一段时间里也跟两只小老鼠一样，每天早早地赶到奶酪C站，按部就班地把鞋子挂在脖子上，享用他们的美味佳肴。然而，不久以后，小矮人们改变了他们的常规行为，每天懒懒地起床，然后慢慢地走到奶酪C站。他们想，不管怎样，反正已经找到了奶酪，下半辈子都不用愁了。他们还时常带着朋友们来参观属于自己的奶酪，在大家羡慕的眼光中，他们的自信开始膨胀起来。面对成功，他们变得妄自尊大。在这种安逸的生活中，他们丝毫没有察觉到正在发生的变化。

突然有一天，他们发现奶酪不见了。他们伤心、愤怒，显然无法接受这个残酷的事实。这一切怎么可能发生呢？没有任何人警告过他们，这是不对的，事情不应该是这个样子的，他们始终无法相信眼前的事实。奶酪对于他们来说，不仅仅是可以填饱肚子的东西，它还意味着他们悠闲的生活，意味着他们的荣誉，意味着他们的社交关系以及更多重要的事情。可是现在奶酪不见了，这一切也都随之消失了。

唧唧和哼哼不承认变化，更没有对变化做好准备，这让他们在长时间内只有忍受饥饿，他们痛苦、失望、郁闷。其实，我们也一样，都渴望能永远生活在安逸、温暖的环境里，没有风吹草动的惊吓，没有辛苦劳顿的痛楚，这样就会少些感受世事无常、生离死别的折磨和戕害。但问题是，事物总是在或明或暗地发生着变化：工作也许会发生调整，甚至我们会失业；家人也许会感情不和；孩子也许会学习成绩下降；老人也许会生病……这是一些无法改变、必须接受的客观事实。不承认它们，不接受它们，我们就要承受痛苦。

因此，面对变化，最明智的做法就是像嗅嗅和匆匆一样，正视变化的来临，并随时为变化做好准备，根据变化采取相应的行动，这样才能继续拥有奶酪。

人在面临变化时常常忘不了给自己一个偷懒的理由，就像唧唧和哼哼，然而，这个迅猛发展的世界容不得我们躺着尽享安逸。唧唧是好样的，他在消极等待了一段时间之后，痛定思痛，还是勇敢地向未知的迷宫挺进了，尽管他还有回到奶酪C站的想法，但毕竟没有沉湎于幻觉而停滞不前。我们只有承认变化并尽全力去适应它，才能在不远的将来重新找到属于自己的"奶酪"。虽然这个过程充满艰辛甚至危险，但有了务实、真切、充足的认知和准备，我们才不会在灾难或痛苦突然降临时手足无措。这对处于社会竞争日益激烈环境中的我们显得尤其重要。

预见变化，随时追踪

嗅嗅和匆匆虽然只是两只小老鼠，头脑简单，四肢发达，但是他们的做法却值得我们学习。他们不仅承认变化，为变化随时做好了准备，而且能预见变化，随时追踪。他们每天来到奶酪站，会四处闻一闻、抓一抓，看看和前一天有什么不一样。等到确定没有任何异常后他们才会坐下来细细品味奶酪，好好享受一番。因此，他们及时地发现了奶酪的变化并据此做出了调整。

而另外两个小矮人唧唧和哼哼呢，他们长久地沉浸在拥有奶酪的幸福中，却从不去想奶酪是从哪里来的，他们认为这一切都是理所当然的，奶酪就应该在那里，而且就应该为他们下半辈子的生活提供有力的保障。他们从不关心奶酪的变化，非常自以为是地认为奶酪永远是为他们而存在的，所以当奶酪不见了，他们像受到欺骗和抢劫一样愤怒而伤心，他们手足无措，不知道该怎么办，甚至变得有些歇斯底里。

经过痛苦的折磨和饥饿的威胁，唧唧终于下定决心重新踏上寻找奶酪之旅。在重新寻找奶酪的路上，唧唧变得越来越成熟，也越来越积极。他认识到，奶酪C站的奶酪并不是一夜之间突然不见的，而是慢慢变少直至完全消失。况且，剩下的奶酪也早已陈旧变质，甚至有些奶酪已经生出了霉菌，只是他和哼哼一直沉浸在安逸中，没有注意到罢了。他还承认，只要他留意，他是可以发现的。唧唧想，如果他一直非常关心这些奶酪并留心它们的变化，那么后来发现奶酪消失时他就不会那么吃惊了。也许嗅嗅和匆匆一直就是这样做的。他打定主意，从即刻起他要时刻保持警觉。他要留心变化，并且还要去追寻变化。他相信自己能够意识到变化，并且能够做好准备去适应这些变化。

事实正像作者在书中所说的那样，所有的变化都不是突然发生的，它们都有一个从量变到质变的过程。哲学上有个"秃头理论"，讲的正是这个道理。少一根头发能否造成秃头？回答说不能。再少一根又会怎么样？回答也是否定的。这个问题一直重复下去，到后来，回答变成了肯定的。成为秃头的界限是头发1万根？100根？10根？1根？一根也没有？无法确认。但可以肯定的是，当头发还剩下100根、10根时，人们早已毫不犹豫地公认那是秃头了。

当变化以量变的形式发生时，很少有人能注意到，但是当质变发生时，却为时已晚。因此，我们要向嗅嗅、匆匆学习，经常闻闻自己的"奶酪"，对身边的变化留个心眼，随时追踪，使自己能发现"奶酪"已经变质，跟上变化的脚步，及时做出调整。如企业经营不好，各项业务量逐步下滑，而领导又无起死回生的灵丹妙药，这时我们就要想到，企业投资可能要转向，产品要更新换代，人员要调整，或企业破产、员工分流下岗等等。如果我们对细小的变化视而不见，等待我们的可能就是被淘汰。

面对变化，简单行事

故事里，当变化发生时，两个小老鼠的做法比人的做法要明智且更贴近实际，因为他们总是把事情简单化；而两个小矮人具有复杂的头脑和情感，却总是把事情复杂化。这并不是说老鼠比人聪明，只是人的一些过于复杂的智慧和情感有时可能成为前进道路上的障碍。

老鼠和小矮人的做法分别代表我们存在的两个方面——简单的一面和复杂的一面。当发生变化时，也许简单行事比复杂行事更有效，更能给我们带来益处和便利。

对嗅嗅和匆匆来说，问题和答案都一样简单。他们的头脑十分简单，奶酪不见了，就意味着他们要重新寻找新的奶酪了。他们不会反复地分析奶酪为什么不见了，是被谁搬走了，寻找这些问题的答案对他们来说都太复杂了，他们简单而迅速地开始行动，进入到迷宫的更深处，在每一个奶酪站里寻找新的奶酪。他们在寻找新奶酪的途中遇到了很多困难，虽然非常辛苦但最终还是找到了大量美味的新奶酪，幸福的生活又开始了。

面对奶酪消失不见的事实，两个小矮人则想得非常复杂。他们无法接受这突如其来的灾难，他们反复地分析，苦苦地回忆从找到奶酪到奶酪消失的每一个细节，试图找出奶酪消失的原因。"是谁偷走了奶酪？""他们为什么要这么做？""这里到底发生了什么？"他们痛苦、愤怒，并且不停地在原地寻找。他们认为奶酪是被人藏在了墙壁后面，这一切只是个噩梦。他们费尽所有的力气挖开墙壁，却发现里面什么也没有。于是他们开始恶毒地咒骂整个世界，认为这一切对他们来说不公平。从某种意义上说，这表明了人的复杂思维具有一定的负面影响。

作者告诫我们，当面对问题和变化时，无谓的思考和分析只能束缚手脚，阻碍前进的步伐。当看清问题的本质，并将事情简单化后，我们离成功就不远了。

适应变化，调整自我

从故事中我们看到，当变化来临时，老鼠们适时地调整自己，并做出了行动，也及时享受到了成功。而小矮人仍然深陷在过去的情绪中，无法改变自己来接受事实，他们日益消极、不断抱怨，完全被动地等待状况自己发生好转，但是奶酪不仅没有回来，他们还由于焦虑和饥饿变得虚弱、烦躁起来。后来唧唧无法忍受了，他对自己做出了调整，也就迈出了走向成功的第一步。

面对变化，有多少人像嗅嗅和匆匆一样坦然并及时做出调整呢？不少人可能会像小矮人一样一度陷入变化带来的恐惧、忧伤中；有的人也许能像唧唧一样最终战胜消极心态，走出痛苦和失败，迎来希望的黎明；但也有人就如同哼哼一样，只会等待、抱怨，永远悔恨、沮丧和无奈，最终一无所获。

作者说，既然变化已经发生了，再多的抱怨、眼泪、哭诉、内疚和悔恨都于事无补，只能是浪费自己的时间和精力，而发生的一切不会随着时间的流逝而改变。只有适应变化，调整自己，从思维上、行动上全方位调整自己，跟随变化的发生让自己也发生相应的改变，你才不会被淘汰，并创造出价值。

现在，人类已进入了气象万千、波澜壮阔的新纪元，世界多元化和经济全球化的趋势在曲折中发展，科技进步日新月异，综合国力竞争日趋激烈。面对这个正发生深刻而快速变化的时代，我们青年一代更要适时调整自己，勇于适应变化。书中的两只小老鼠始终将他们的跑鞋挂在脖子上，并随变化而动；小矮人唧唧最终也穿上了久置不用的跑鞋，找到了想要的奶酪。

面对21世纪的机遇与挑战，我们的"跑鞋"是什么？我们的"跑鞋"是学习，只有不断地学习，我们才能迅速地预见、感知周围发生的变化，并最终适应变化。

拥有希望，克服恐惧

唧唧终于忍受不了饥饿和没有任何希望的等待，他决定踏上寻找新奶酪的旅程。但是，真正要出发的时候，他又犹豫了。他内心充满了恐惧，不知道前方有怎样的危险，也不知道凭借一己之力能不能找到新的奶酪。万一在路上饿死了怎么办？如果那样的话，还不如继续留在奶酪C站和哼哼一起等待奶酪主动回来呢。

想到这些，他迟疑了，再被哼哼劝说两句，他又决定留下来再看看情况。可是时间一天天过去，奶酪不仅没有自己回来，而且饥饿和死亡开始威胁他们。

唧唧又开始不安分了，他意识到对于未知的恐惧阻碍了他前进的脚步；他也认识到，如果自己再不采取任何行动，只会在空等和猜忌中饿死。

下定决心后,唧唧挺起胸膛,告别了哼哼,勇敢地踏上了寻找奶酪的新征途。

他一次又一次地找到新的奶酪站,却一次又一次地失望——里面都空空如也。尽管如此,唧唧却发现自己越来越不害怕了。

他以前饿着肚子留在奶酪C站,苦苦地等待奶酪自动回来。他非常害怕找不到新的奶酪以至于他根本不敢去找。但真的迈出寻找奶酪的脚步以后,他发现所有的一切其实并没有想象中的那么可怕。虽然没有找到像奶酪C站那么大的奶酪,但迷宫的走廊上却时不时地有一些碎小的奶酪支持他继续向前寻找,这使他觉得前方会有更多的奶酪。于是,寻找奶酪的旅程变得越来越有趣了。

慢慢地,唧唧的内心更丰富了,精神得到了放松,他继续在迷宫中苦苦寻找。

终于,他期待已久的事情发生了,他找到了一个最大的奶酪站,那里有许多黄澄澄、香喷喷的新奶酪。他高兴极了,在那里开始了全新的生活。

他寻找新奶酪的心路历程与我们面对变化、调整自我,从而做出改变的心理过程是多么相似啊!

当事物发生变化时,我们对它充满了陌生感,难免会心怀恐惧。恐惧源于未知,人们对于陌生的环境本能地保持一种警惕。

不熟悉的、陌生的、未知的事物使我们感到不安,我们不知道变化对我们来说意味着什么,也不知道该如何应对,所以我们宁愿留在我们熟悉的环境里,尽管这个环境已经不能很好地满足我们的需要,我们也会尽量将就，不愿意做出改变。

于是，恐惧就在不知不觉中束缚了我们的手脚，使我们寸步难行。

唧唧用什么克服了自己的恐惧呢？是他对找到新奶酪的渴望，这种渴望吸引他，并不断鼓励着他一点点战胜恐惧，迈向新的目的地。希望是他一路上不灭的灯火，照亮了他前进的道路。

人类自从在这个地球上诞生，就面对很多恐惧。我们的先祖——猿人刚开始适应自然、改造自然时，对野兽、天灾、饥饿、生老病死等都怀有恐惧。但是人毕竟不同于动物，我们心怀希望，克服了种种恐惧，进一步了解了大自然的奥秘，从此也就成了大自然的主人。如果人们被恐惧吓住了，世界上也许到现在还没有人类的身影。

恐惧纯粹是一种心理想象，是一个幻想中的"怪物"，一旦认识到这一点，人们的恐惧感就会消失。

如果人们都能对自己恐惧的事情进行冷静、客观的分析，把希望埋藏于心中，把恐惧抛到脑后，那么恐惧也就自行消失了。

敢于冒险，克服困境

唧唧面对变化，勇于尝试，敢于冒险，最后他享用到了美味的奶酪。而他的老朋友哼哼呢？他拒绝一切改变，甚至当唧唧回头去找他，送给他一些自己找到的新的小奶酪，让他跟自己一起去寻找更大更多的奶酪时，哼哼竟然说："我不喜欢新奶酪，这不是我习惯吃的那种。我只要我以前的那些奶酪，而且我是不会改变主意的。"

唧唧认识到，当变化发生时，如果对自己有害，你可以拒绝它；但是当变化对自己有利，可以督促自己向前看并迈出前进的脚步时，你就该接受这种变化，尝试冒险。

就像作者在书中用故事揭示的道理一样，人的一生要面临许多变化，每一次变化都会带来挑战。迎接挑战也许会带来危险，但是不迎接挑战，就永远也不会得到成功。只有尝试去冒险，才能找到走出困境的路。

春天来了，农民们都在田间地头辛勤播种，但有个农夫却闷头坐在地里，好像很苦恼的样子。有人问他怎么不播种，他说："我不知道自己该种什么好。种麦子吧，我担心天不下雨；种棉花吧，我担心虫子吃了棉花；种花生吧，我怕买到假化肥……所以，我什么也不敢种。"

这样的农民肯定是傻瓜。然而，生活中这样的人比比皆是，他们不敢冒风险，回避受苦和悲伤，他们不愿改变自己，去感受成长、爱和生活。他们被自己的态度所捆绑，是丧失了自由的奴隶。人误地一时，地误人一年，播种的季节就那么几天，错过了就没有机会弥补了。

不愿意冒险的人不敢笑，因为他们害怕冒愚蠢的风险；他们不敢哭，因为害怕冒多愁善感的风险；他们不敢向他人伸出援助之手，因为要冒被牵连的风险；他们不敢暴露情感，因为要冒露出真实面目的风险；他们不敢爱，因为要冒不被爱的风险；他们不敢希望，因为要冒失望的风险；他们不敢尝试，因为要冒失败的风险……但是我们必须学会承受风险。

在人生中做什么都会有风险，但有一点请记住：什么都不做才是最大的风险！

权威读本

［美］斯宾塞·约翰逊. 谁动了我的奶酪. 吴立俊，译. 北京：中信出版社，2004.

致加西亚的信

·最伟大的励志经典·

传世理由

全球最畅销图书第六名，销量超过8亿册；

美国著名出版家、作家阿尔伯特·哈伯德代表作；

微软、IBM、联想、华为、惠普等名企联合推荐；

一本所有公务员、公司职员、企业老总的必读书；

一种主动通往卓越的成功模式；

一种流传百年的管理理念和工作方法。

经典要义

罗文的故事——把信送给加西亚

在《致加西亚的信》里，作者讲述了这样一个故事：

1898年4月21日，美西战争爆发，这是美国与西班牙之间发生的争夺殖民地的战争。古巴是美国最先注意到的地方，而当时的古巴人民也正在为摆脱西班牙统治、争取民主独立而斗争。加西亚将军是西班牙的反抗军首领，他掌握着西班牙军队的各种情报。为了取得胜利，美国总统必须立即跟他取得联系，以获得与他合作的机会。可是当时加西亚在古巴的大山丛林里，没有任何人知道他的确切位置。这可怎么办？

这时，一个叫罗文的人被带到了总统的面前。美国军事情报局向总统推荐说，只有罗文才有办法找到加西亚，并把信安全送到。于是，送信的任务就交给了这个年轻人。罗文拿着信，他没有追问加西亚在哪里、他长得什么样子、怎么样与他联系、如何才能到那儿，他只是接受了任务，把信装进一个油布制的袋里封好吊在胸口，然后孤身一人就出发了。一路上，罗文在牙买加遭遇过西班牙士兵的拦截，在粗心大意的西属海军少尉眼皮下溜过古巴海域，还在圣地亚哥参加了游击战，最后在巴亚莫河畔的瑞奥布伊把信交给了加西亚将军。罗文被奉为英雄。为了表彰罗文的贡献，美国陆军司令为他颁发了杰出军人勋章，并说："我要把这个成绩看作是军事战争史上最具冒险性和最勇敢的事迹。"

这就是罗文的故事——把信送给加西亚。故事很简单，但其中却蕴含着学习与创业的道理，以及做人做事的标准。罗文所做的事情一点也

不需要超人的智慧，只是一环扣一环地前进，也就是我们常说的"一步一个脚印"。踏实地做事并不等于原地踏步、停滞不前，它需要的是有韧性而不失目标，时刻在前进，哪怕每一次仅仅延长很短的、不为人所注意的距离。"突然"的成功大多来自这些前进幅度微小而又不间断的"脚踏实地"。你也许会说，做这样琐屑的事情也会积攒出成功吗？那我们就来看看身边的例子吧！

大学时读经济管理的赵小姐进公司已经半年了，她的职务是财务助理，实际上更类似于一个打杂的。赵小姐每天面对的是形形色色的报表，而她只需要把这一摞报表复印、装订成册即可。在财务人员忙得不可开交时，她也会去凑个手。面对这样凌乱而且不太可能有发展机会的工作，你是不是得过且过，然后寻找一个机会跳槽？我们来看一下赵小姐的做法。

她在复印并装订报表的时候，先仔细地过目各种报表的填写方法，逐步地用经济学分析公司的开销，并结合公司一些正在实施的项目揣度公司的经济管理。工作到第八个月的时候，赵小姐书面汇报了公司内部一些不合理的经营策略，并提出相应的整改意见。现在的她，已经是公司的高层决策人了。

目前，不少公司的总裁对实干家情有独钟，坚持不懈地寻找"能够把信带给加西亚的人"（指那种不问缘由，只知道忠实执行任务的人）。这种人不论追求什么都会获得成功，走到哪里都会受到欢迎。现如今，《致加西亚的信》广为传颂，表明人们敬仰"能把信带给加西亚的人"，崇尚他那恪守信义、不辱使命的品格。

人人都需要成为罗文

　　作者告诉我们，罗文的可贵之处就在于他的忠实、敬业、诚信和道德。他毫无异议地接受任务，不逃避、不推卸，不顾一切地想尽办法完成任务。这样的人永远不会被解雇，也永远不会为了要求加薪而罢工。这种人在任何地方都会受到欢迎。

　　世界上很需要这种人才，这种能够"把信送给加西亚的人"。

　　然而有多少人能够成为或者愿意成为罗文呢？

　　当整个世界都在谈论着"变化"、"创新"等时髦的概念时，重提"忠诚""敬业""服从""信用"之类的话题也许已经显得过于陈旧了。但是现实情况让我们无法回避。如今，懒散、消极、怀疑、抱怨……如同瘟疫一样在企业、政府机关、学校中蔓延，无论付出多大的努力都无法彻底消除。而那些最有价值的精神——信用、勤奋和敬业，却被越来越多的人所遗忘。

　　企业老板和公司管理者常常为员工的忠诚、敬业、道德问题所困扰。任何一个需要众多人手的企业经营者，在看到下属无法或不愿意专心做事时都会非常吃惊，他们认为这是不应该出现的，因为企业对个人来说，即意味着生存。同样的，他们认为工作对员工来说，也是暂时维系生活的保证。他们不能理解一些员工消极怠工、懒散、没有责任心和马虎的办事态度，他们要么苦口婆心，要么"威逼利诱"地督促属下努力工作。然而，除非奇迹出现，否则没有人能改变现状。

　　而很多年轻人更是以频繁跳槽为能事，以善于投机取巧为荣耀。他们根本无法独立自发地做任何事，只有在一种被迫和被监督的情况下才能工作。在他们看来,讲敬业是老板剥削员工的手段,而讲忠诚是管理者愚弄下属的工具。工作时他们推诿塞责,固步自封,不思自省,却以种种借口遮掩自己缺乏责任心的事实。这些人成了有才华的穷人,他们得不到重视,无法获得提升和加薪,只是日复一日地抱怨,从而变得消极,在泥潭中越陷越深。

只有才华,没有责任心,缺乏敬业精神,我们能否取得成功?

作者强调,并非所有的老板都是贪婪者、专横者,就像并非所有的人都是善良者一样。他们经营企业,招聘员工,不仅是为自己服务、创造价值,也是在为员工的人生和事业创造价值。

员工能够得到一份工作,拿到固定的薪水养家糊口,其实是应该感谢老板的。我们应该对自己的工作和薪水负责,以忠诚和敬业回报老板和公司,这样做并不仅仅有益于公司和老板,最大的受益者其实是自己,是整个社会。

在工作中具有高度的责任感和忠诚度,你就会变成一个值得信赖的人。同事们愿意相信你,老板也会看重你,对你委以重任。而那些懒惰的、整天抱怨和到处造谣诽谤的人,不仅不能获得同事和老板的认可,就算自己创业,为自己做事,也会因为这些恶习而很难获得成功。所以,真正的职场聪明人知道自己跟老板之间的利益共生关系远远大于利益矛盾关系。

主动地去工作

作者在书中说,按照对待工作的态度我们可以把员工分为四类人:

第一类人,他们会主动地去工作。在他们的信念中,工作是自己的责任，是自己应该、必须完成的。他们能在没有人要求、强迫，也没有人监督的情况下，自觉并出色地完成工作。这种员工是最佳员工，他们在为公司和老板创造价值的同时，也为自己的人生和事业创造着价值。他们就是罗文，就是能把信送给加西亚的人。他们永远不用为失业、提薪发愁，他们是公司和老板最信任的人，也是永远的成功者，是能够掌握自己命运的强者，是值得别人学习的榜样。

第二类人，他们主动性稍差些，但如果被他人告知一次，也会提升起工作的热情，不需要监督就能圆满完成任务。他们虽然比不上第一类人，但也能把信送给加西亚，属于次佳员工。只要有一位很好的领导者来指导他们的工作，他们就能获得成功和荣誉。

第三类人，他们几乎没有主动性，需要别人反复强调后才采取行动。他们是需要极力督促和监督的对象，是需要人用鞭子抽打的驴子。他们很少在工作中投入自己的热情和智慧，而是被动地应付工作。他们遵守纪律、循规蹈矩，却缺乏责任感，只是机械地完成任务，而不是有创造性地、主动地工作。他们的工作积极性较差，成果也不显著，业绩很一般。他们也许会躲过裁员，但是很难得到晋升，无法获得额外的报酬。这种人碌碌无为，平庸一生，既得不到荣誉也得不到金钱。

第四类人，情况就更糟糕了，他们不到万不得已是决不会出去做事的。平时的大部分时间他们都用来抱怨，埋怨生活的不公平。他们一生都将与贫困为伍，总是幻想突然有一天变得富有，期望幸运之神降临到自己身上，却从不为此做任何准备。

最后一类人是最糟糕的。你交代他们做一件事，哪怕你走到他们面前，告诉他们如何做，并且停下来督促他们，他们也无法将事情做好。这类人总是不停地找工作，又不停地失业，到处遭到人们鄙视的目光。他们是彻底的失败者和被社会淘汰的对象，成功几乎与他们绝缘。

你属于哪一类人呢？你希望自己成为哪一类人呢？

一个做事主动的人，知道自己工作的责任和意义，并随时准备把握机会，展示超乎他人的工作表现，而升职和加薪也就接踵而至了。

也许你认为工作需要指导、监督和管理，因此在没有任何指示、监督的情况下就不必好好地工作。主动对于你来说，是幼稚和傻气的代名词。你认为工作就是为老板服务，没有必要卖力地去做。

是这样吗？回答是否定的。要知道，工作不仅仅是为老板服务，更是为自己服务，为自己的人生、事业和家庭服务。我们能在工作中得到薪水来养家糊口，提升生活质量，带给家人和自己更好的生活；我们也能在工作中得到进步和提升，从而取得成功，享受荣誉，体现我们的人生价值。你的付出和回报是成正比的，如果你以积极、主动的态度去工作，你将会获得比那些消极、怠慢的人多几倍乃至几十倍的回报，老板将更加信任你，你会获得同事的羡慕，你的家人也会为你而骄傲，成功的荣耀将照亮你的生命……难道你不渴望这一切吗？

和你的公司、老板站在一起

人生不如意事十有八九。工作不是圣诞老人的礼物，不会令所有人都喜欢。很多人都对自己的工作不满意，他们对公司、老板充满了抱怨。然而问题是，如果你实在不喜欢自己目前的工作，完全可以换一份你喜欢的工作，但是如果你仍在做这份工作，就应该热爱它，和自己的公司、老板站在一起。

假设有个人天天向你念叨他老婆有多么刻薄、自私、冷漠、骄横……你会有什么感觉？觉得他可怜，还是觉得他老婆可恨？也许两者都有。但是你应该还有另外一种感觉：这个人是不是有毛病，老婆是自己选择的，又没有人强迫你与她结婚，既然如此讨厌自己的老婆，那为什么当初要娶她？既然娶了她，就应该好好过日子，天天怨天尤人有什么用？

道理就是如此。现在我们不是在奴隶社会或者封建社会，老板不是奴隶主或者地主，我们也不是奴隶或者雇农，没有人强迫我们做自己不喜欢的工作。就像作者在书中所说的那样，如今的社会，工作是双向选择的结果，是建立在双方自愿、信任的基础上的，没有人强迫你来做，更没有人强迫你一直做到老死。既然选择了这份工作、这家公司，你就要对自己的选择负责，如果实在不喜欢，完全可以跳槽，否则，就请不要随意抱怨、诽谤、贬损。公司聘用你，是让你来工作的，而不是要你来抱怨的。老是抱怨的人给人斤斤计较、婆婆妈妈的印象。公司是工作的地方，作为一名员工，你的任务就是努力工作。公司可能在某些方面不够完善，或者人事制度，或者福利待遇，或者其他方面，但既然无力改变这一现状，抱怨是毫无意义的。任何时候都应努力工作，把自己的本职工作做好，在工作中获取经验、积累经验。

这个世界上员工永远比老板多，大多数的人必须为别人工作。受雇于他人、为他人工作的人假如总是与上司的意见相左，他的工作就不可能顺利做好。如果对老板的决策、命令有意见，可以勇敢地提出来。但如果没有得到老板的认同，作为员工就应当服从命令。如果你初出茅庐有"初生牛犊不畏虎"的精神，如果你桀骜不驯，你现在得赶快补上"服从"这一课了。

如果公司运作上有问题，老板性格暴躁，为人刻薄，大家都难以与其共处，这个时候，你可以选择直接和老板沟通，用温和、冷静的语气告诉老板：你的性格让大家无法接受，你的管理方法有些问题。然后向老板提出中肯的建议。这样的方式大都不会激起老板的不满，毕竟人都是有缺点的。这样做以后，你会发现工作似乎不像以前那么令人讨厌了。在你的努力下，公司及老板的缺点会一点点得到改正。你对公司倾注了心血以后，也更加不会轻易离开了。老板也会因为你对工作、对公司的强烈责任心更加重视你，因为你的贡献感谢你。这样，你职业发展的道路就会越走越宽。

不要只为了薪水而工作

工作的目的是什么？或者说，你寻求一份新工作，最看重的是什么？也许很多人都会说是薪水。虽然获取薪水应该成为工作目的之一，但是从工作中获得的远远不只是钞票。

一些人由于对薪水缺乏更深入的认识和理解，因而怨言不断。有些人认为薪水是自己身份的标志，绝不能低于别人的。他们的"理想远大"，就是希望自己刚出校门就成为年薪几十万元的总经理，刚创业，就能像比尔·盖茨一样富甲一方。他们只知向老板索取高额薪酬，却不知自己能做些什么，更不懂得从小事做起，实实在在地前进。

这些想法无疑是错误的，为此你不妨与身边的朋友比较一下，看看他们的经历。小李在一家快速消费品公司工作已经两年了，一直不温不火，待遇不高，但能学到东西，比较锻炼人。但和一些老朋友交流时，他发现大家都发展得不错，好像都比自己强，这使得他开始对自己的状态不满，考虑怎么和老板提请加薪或者找准机会跳槽。

终于，他找到一次单独和老板喝茶的机会，开门见山地向老板提出了加薪的要求。老板笑了笑，并没有理会。于是，他对工作再也打不起精神来，开始敷衍。一个月后，老板让他把工作移交给其他员工，他赶紧知趣地递交了辞呈。令他始料未及的是，接下来的几个月里，他并没有找到更好的工作，招聘单位开的待遇甚至比原来的还差。

由于心态的错位与失衡，小李失去了那份还过得去的工作，他的下一份工作还不如以前的。而王刚的经历则恰恰与小李的相反。

王刚进了一家进出口公司工作后，晋升速度之快，让周围所有人都惊诧不已。一天，王刚的一位知心好友怀着强烈的好奇心询问了他这个问题。

王刚听后，笑着耸了耸肩，用非常简短的话答道："也没有什么特别的原因。我刚到公司上班时就发现，每天下班后，所有的员工都走了，可是皮特先生依然留在办公室内工作，而且一直待到很晚。另外，我还注意到，这段时间内皮特先生经常找一个人帮他把公文包拿来，或是替他做些重要的事。于是，我决定下班后也不回家，待在办公室内。虽然没有人要求我留下来，但我认为我应该这么做，如果需要，我可以为皮特先生提供任何他所需要的帮助。就这样，时间久了，皮特先生就养成了有事叫我的习惯。这大概就是我被委以重任的重要原因吧！"

王刚这样做是为了薪水吗？当然不是。事实上，他确实也获得了一点物质上的奖励，但更重要的是，由于他的付出，他得到了老板的赏识和一个迈向成功的机会。

两种不同的心态，两个相反的结果。对于两个人的职业道路，心态起到了决定性作用。只为薪水工作的人，他们总是指责和抱怨，并一味逃避。他们不思索关于工作的问题：自己的工作是什么？为什么工作？怎样才能把工作做得更好？他们被动地应付工作，为了工作而工作，不在工作中投入自己全部的热情和智慧，只是机械地完成任务。这样的员工，是不可能在工作中取得好成绩并最终拥有自己的事业的。许多管理制度健全的公司，正在创造机会使员工成为公司的股东，因为人们发现，当员工成为企业的所有者时，他们会表现得更加忠诚，更具创造力，也会更加努力工作。所以，你永远不要惊异某个薪水微薄的同事忽然被提升到重要位置，那是因为他们在开始工作的时候，得到的是与你相同甚至比你少的薪水，但却付出了比你多一倍甚至几倍的切实努力。

作者告诉我们，假如你想成功，对于自己的工作，最起码应该这样想：投身职业界，我是为了生活，更是为了自己的未来而工作。薪金的多与少永远不是我工作的终极目标，对我来说，那只是一个极微小的问题。我所看重的是，我可以因工作获得大量的知识和经验，以及踏进成功者行列的各种机会，这才是有极大价值的报酬。

事实证明，如果你不计报酬、任劳任怨、努力工作，付出远比你获得的报酬更多、更好的行动，那么，你不仅表现了你乐于提供服务的美德，还因此发展了一种不同寻常的技巧和能力，这将使你摆脱一切不利的环境，无往不胜。

不要把薪金看成工作的终极目标，要重视在工作中获取的知识和经验。

热爱自己的工作

每一天我们都会听到有人突然辞职、调换工作等，人们转换工作方向后，难道就一定会更快乐了吗？也许我们该问的不是如何能找到一份自己热爱的工作，而是如何能热爱现有的工作。作者告诉我们，只有热爱工作，工作才会热爱你。

工作本身没有贵贱之分，但是对待工作的态度却千差万别。如果你把自己的工作看得很重要，认为工作是创造事业的必由之路和培养人格的途径，调动起全部的积极性和以满腔的热情去工作，你将会增长经验，提升能力，并有可能会升职、加薪，工作越来越顺心，你的人生价值也会得到体现。

如果你看不起自己从事的工作，认为它低贱、粗俗、没有价值，只把它看作解决温饱问题的必要手段，那么毫无疑问，你将会一直平庸。你可能花费了大量的心思去获取更好的工作环境，但当机会真的出现在你的面前时，你却抓不住它。因为你在平时的工作中没有累积自己的力量，自己的能力也没有得到提升，还是在原地踏步。于是，你只能眼睁睁地看着机会落在别人手里，你的梦想顷刻之间化为泡影，你永远无法过上理想的生活，在事业上也将没有成就可言。

也许有些工作看起来很辛苦，又脏又累，环境很差，薪水也很低，无法得到人们的认可。但是，不要无视这样一个事实：有用才有价值。工作就在于它能为社会、为他人提供价值。

工人们在工地上辛苦地劳动着，有位心理学家想做一项研究，于是走上前去询问他们。

第一位工人蹲在地上，一脸烦躁地敲打着石块，他看起来很不高兴。心理学家走上前去问："请问您在做什么？"

工人没好气地回答："难道你没看到吗？我正在用这个重得要命的铁锤把这些该死的石头敲碎。这些石头特别硬，敲得我的手又酸又麻，这活儿真不是人干的。"

心理学家没有说话，他又走向了第二位工人："请问您在做什么？"

第二位工人看了他一眼，疲倦而无奈地回答："我每天这么辛苦地工作，却只赚5美元。如果不是我老婆刚生了孩子，谁愿意干这敲石头的粗活儿？"

心理学家同情地点了点头。接着他又问第三位工人："请问您在做什么？"

第三位工人看起来十分快乐，眼里闪烁着喜悦的神采："我正参与兴建这座雄伟华丽的大教堂。落成之后，这里可以容纳许多人来做礼拜。虽然敲石头的工作并不轻松，但当我想到将来会有无数的人来到这儿，在这里接受上帝的爱，心中就激动不已，也就不感到劳累了。"

同样的工作，同样的环境，却有如此截然不同的感受。

第一种类型的人是完全无可救药的人。可以设想，在不久的将来，他们可能得不到工作的任何眷顾，甚至可能是生活的弃儿，完全丧失了生命的尊严。

第二种类型的人是没有责任感和荣誉感的人。对他们抱有任何指望肯定是徒劳的，他们抱着为薪水而工作的态度，为了工作而工作。他们不是企业可信赖、可委以重任的员工，必定得不到升迁和加薪的机会，也很难赢得社会的尊重。

第三种类型的人应该得到赞美。他们具有高度责任感和创造力，他们充分享受着工作的乐趣和荣誉，同时，因为他们努力工作，工作也会带给他们足够的尊严和实现自我的满足感。他们真正体味到了工作的乐趣、生命的乐趣，他们才是最优秀的员工，才是社会最需要的人。

可见，行为本身并不能说明自身的性质，而是取决于我们行动时的精神状态。工作是否单调乏味，往往取决于我们做它时的心境。对于工作，我们可以做好，也可以做坏；可以高高兴兴和骄傲地做，也可以愁眉苦脸和厌恶地做。如何去做，这完全取决于我们。既然你在工作，何不让自己充满活力与热情呢？

事实上，你对自己的工作越热爱，信心越足，工作效率就越高。

作者说，当你带着热情，主动而快乐地工作时，工作对于你而言就不再是一件苦差事了，而是一种乐趣。带着快乐的心情去工作，势必有好的工作效率。好的工作效率又会为你带来稳定而可观的收入，这样的好事，为什么不去做呢？

全心全意，尽职尽责

敬业是做每一项工作最基本的要求。我们常常认为只要准时上班、按时下班，不迟到、不早退就是敬业了，就可以心安理得地去领工资了。其实，敬业所需要的工作态度是非常严格的。一个人不论从事何种职业，都应该心中常存责任感，敬重自己的工作，在工作中忠于职守、尽心尽责，这才是真正的敬业。

只有当我们尊重工作，以一颗谦逊而谨慎的心完成工作中的每一件事情时，工作才会尊敬我们，回报给我们更多的专业知识，为我们积累更多的经验，我们也才能从全心投入工作的过程中享受到无限的快乐。

敬业也许不会立刻为我们带来可观的经济效益，但几乎可以肯定的是，如果以一种拖延敷衍的态度去对待工作，我们将很快就失去这份工作。

没有任何雇主愿意雇用一个不认真工作的员工。粗劣的工作导致粗劣的生活。

在工作上投机取巧、敷衍了事只会给老板带来一点点经济损失，却几乎可以毁掉你的一生。

有个老木匠做了一辈子的木匠活儿，并且以其敬业和勤奋深得老板的信任。

年老力衰的他对老板说，自己想退休回家与妻子儿女享受天伦之乐。

老板十分舍不得他,再三挽留,但是他去意已定,不为所动。老板只好答应他的请辞,但希望他能再帮助自己盖一座房子。老木匠自然无法推辞。

老木匠由于归心似箭,心思已不在工作上,选择用料不那么严格了,做出的活儿也全无往日的水准。老板看在眼里,却什么也没说。等到房子盖好后,老板将钥匙交给了他。

"这是你的房子，"老板说，"我送给你的礼物。"

老木匠愣住了，悔恨和羞愧溢于言表。他这一生盖了那么多华亭豪宅，最后却为自己建了这样一座粗制滥造的房子。

同样一个人，前后所做的事情差别如此之大，不是因为技艺减退，而仅仅是因为失去了敬业精神。

如果一个人希望自己一直有杰出的表现，就必须在心中埋下敬业的种子，让敬业精神成为鞭策、激励、监督自己的力量，使自己在工作上不会有丝毫的懈怠。

请记住：每当你为他人加倍付出了一分，他人也就因此对你多承担一份责任。你真诚地对待你的老板，他也会真诚地对待你。

忠诚并不是从一而终，而是一种职业的责任感。忠诚不仅指对某个团体或某个人的忠诚，更指对职业的忠诚，它是承担某一责任或从事某一职业所表现出来的敬业精神。对于企业来说，忠诚能带来效益，增强凝聚力，提升竞争力，降低管理成本；对于员工来说，忠诚能带来安全感。因为忠诚，我们不必时刻绷紧神经；因为忠诚，我们对未来会更有信心。

做一个诚实守信的人也许无法让所有人都喜欢你，但至少可以让大多数人信赖你。诚实的人会逐渐形成宽容博大的胸怀，周围充满微笑和友爱；心思纯洁的人会渐渐养成自律的习惯，周围形成宁静和平的氛围。

克服拖拉的坏习惯

很多人都有抱负和梦想，但是最终却化为了灰烬，主要就是因为做事拖延。

拖延就是纵容惰性，如果形成习惯，它很容易消磨人的意志，使你对自己越来越没有信心，怀疑自己的毅力，怀疑自己的目标，甚至使自己的性格变得犹豫不决，从而与成功的距离越来越远。

优秀的员工做事从不拖延，他们知道自己的职责是什么。在上司交办工作时，他们常常只有两个回答，一个是："是的，我立刻去做！"另一个是："对不起，这件事我干不了。"

某件工作能做就立刻去做，不能做就立刻说自己不能做，拖延往往使你一事无成。

下面几种方法也许能帮助你克服拖拉的坏毛病：

1. 在做事的时候，为自己规定一个期限。不要暗地里规定，而要让其他人都知道你的期限。

2. 把大块任务切割成小块任务。高效能的人大都懂得这种方法，因为任务过大，想一下做完常常只能被任务本身吓倒。有了艰巨的任务，第一步要做的就是分解它，把它分解成一系列小任务，再一个接一个地完成。接下来你要做的就是采取行动实现小目标的第一个步骤。一旦养成"从现在做起"的习惯，你就会不断取得进步。

3. 不要避重就轻。避重就轻也许是人的本能，但到头来只会导致问题铢积寸累，难上加难。不要等到万事俱备以后才去做，永远没有绝对完美的事。

4. 分析利弊。对目标有意识地加以分析，看看尽快实践有什么好处，拖拉有哪些坏处，这对下定决心立即着手很有督促作用。在拖延的时候惩罚自己：如果没能按时完成既定工作，取消一顿丰盛的午餐或晚餐来惩戒自己。

5. 利用兴致。你无意写报告，却可能有兴致翻阅相关资料；不想修天线，却可能愿意搜集所需元件。在该办的事中先挑有兴致的办，让精神状态为你服务。

6. 要有实施的勇气。勇气是克服怯懦、付诸实施的潜力。潜力之所以没发挥出来，是因为自己限制了自己。突破胆怯的限制，才能充分发挥潜力。

7. 不要再使用"希望""但愿""或许"等词，因为这些词会促使你拖延时间。

8. 养成立即动手的习惯。你的庭院该打扫了吗？现在就去找工具。得交报告了吗？马上拿出纸列上几个要点。要勒令自己决不拖延，有事及早干。

拖延是因为惰性所致，每当要付出行动，或要做出抉择时，我们常会找出一些借口来安慰自己，总想让自己轻松些、舒服些。有些人能在瞬间果断地战胜惰性，积极主动地面对挑战；有些人却深陷于"激战"泥潭，被主动和惰性拉来拉去，不知所措，无法定夺……时间就这样一分一秒地被浪费了。

每天多做一点

作者在书中告诉我们，在工作或生活中，我们总是渴望成功。可是，在竞争激烈的今天，别人不比我们傻，我们也未必比别人聪明，那么我们凭什么成功？答案是："比别人多做一点！"

美国著名出版商乔治·W·齐兹12岁时便到费城一家书店当营业员，他工作勤奋，而且常常积极主动地做一些分外之事。

他说："我并不仅仅只做我分内的工作，而是努力去做我力所能及的一切工作，并且是一心一意地去做。我想让老板承认，我是一个比他想象中更加有用的人。"

在实际工作中，总有人觉得自己找不到机会，其实机会总是乔装成问题出现的，把握不到它，是因为我们还没有学会怎样去解决问题。

如果你想身体强壮，唯一的途径就是加强锻炼。同样的道理，如果每天多做一点，那么不仅能彰显自己勤奋的美德，还能获得更多工作上的锻炼，不断积累知识和经验，给自己创造潜在的机会。

公司在成长，个人的职责在扩大，当额外的工作分配给你时，不妨视它为一种机遇，努力把工作做到最好。

有付出才有收获。也许你的投入无法立刻得到相应的回报，但不要气馁，回报是在不经意间降临的。"每天多做一点"，以积极主动的态度去迎接工作、做好工作，那么回报迟早都会降临。

我们并不需要比别人多做很多，把自己弄得疲惫不堪，而只需比别人多做一点即可。

当我们在工作中做出成绩后，身边的人就会对我们刮目相看。

当我们多做了一件小事时，我们可能从工作中体会到前所未有的愉悦。这种快乐的感觉只属于你一个人，因为你的付出，大家都得到了方便，但这种奉献的快乐却只有你体会得到。你不用理会那些在背后指指点点、说三道四的人，只需要简单地去做，多做一点，坦诚地展现你的能力和才华。

"比别人多做一点"是个好习惯，它让你比别人更接近成功。没有任何人强迫你做职责范围以外的事，即使你做了，也没有人立刻付给你报酬，你可以选择不做，但如果那样，你将永远没有晋升的机会。如果你把比别人多做一点看成一件快乐的事，自愿去做，以此来鼓励和鞭策自己快速前进，你将比别人拥有更多的机会。"每天多做一点"的工作态度能使你从竞争者中脱颖而出。是金子总会发光！

作者告诉我们，"比别人多做一点"有时需要一种勇气，需要一种智慧。这是引导我们走向成功的至理名言。

对工作和上司心怀感恩

懂得感恩可以改变一个人的一生。当我们清楚地意识到无任何权利要求别人时，就会对周围的点滴关怀或任何工作机遇都怀有强烈的感恩之情。为了回报这个美好的世界，我们应全力做好手中的工作，努力与周围的人快乐相处。这样，我们的心情会变得更愉快，得到的帮助会更多，工作也会更出色。

有位父亲告诫刚踏入社会的儿子："遇到一位好的老板，要忠心为他工作。假如第一份工作就有很好的薪水，那是你的运气好，要努力工作以感恩惜福；万一薪水不理想，就要懂得在工作中磨炼自己的技艺。"

这位父亲是睿智的，我们也应该把这些话牢牢地记在心底，始终秉持这个原则做事。即使起初位居他人之下也不要计较，对工作心怀感激，感谢公司给了你展示才能的舞台，感谢上司对你的栽培，感谢你的工作给了你锻炼能力、积累经验的机会。在工作中不管做任何事，都应将心态回归到零，抱着学习的态度，将每一次任务都视为一个新的开始、一段新的体验、一扇通往成功的机会之门。

作者在书中规劝那些牢骚满腹的年轻人，不要浪费时间去分析和抨击高高在上的公司官僚，不要无休止地指责和厌恶在某些方面不如自己的部门主管。指责别人不能提高自己，相反，抨击和指责他人只能破坏自己的进取心，徒增莫名的骄傲和自大情绪。请将目光从别人的身上转移到自己的工作中来，对工作心怀感激之情，多花一些时间想想自己还有哪些方面需要提高和改进，看看自己的工作是否已经做得比较完美了。如果你每天都带着一颗感恩的心而不是挑剔的眼光去工作，相信工作时的心情自然是愉快而积极的，结果也将大不相同。

请带着一种从容、坦然、喜悦的感恩心情工作吧，就算工作平淡乏味，或者琐碎繁重，只要你愿意怀着感恩的心快乐地投入工作，那么你就会发现天空不再充满阴霾，你就会体验到精彩、快乐，你就会获取最大的成功。

权威读本

［美］阿尔伯特·哈伯德. 致加西亚的信. 吴群芳，译. 北京：西苑出版社，2004.

书目

001. 唐诗
002. 宋词
003. 元曲
004. 三字经
005. 百家姓
006. 千字文
007. 弟子规
008. 增广贤文
009. 千家诗
010. 菜根谭
011. 孙子兵法
012. 三十六计
013. 老子
014. 庄子
015. 孟子
016. 论语
017. 五经
018. 四书
019. 诗经
020. 诸子百家哲理寓言
021. 山海经
022. 战国策
023. 三国志
024. 史记
025. 资治通鉴
026. 快读二十四史
027. 文心雕龙
028. 说文解字
029. 古文观止
030. 梦溪笔谈
031. 天工开物
032. 四库全书
033. 孝经
034. 素书
035. 冰鉴
036. 人类未解之谜（世界卷）
037. 人类未解之谜（中国卷）
038. 人类神秘现象（世界卷）
039. 人类神秘现象（中国卷）
040. 世界上下五千年
041. 中华上下五千年·夏商周
042. 中华上下五千年·春秋战国
043. 中华上下五千年·秦汉
044. 中华上下五千年·三国两晋
045. 中华上下五千年·隋唐
046. 中华上下五千年·宋元
047. 中华上下五千年·明清
048. 楚辞经典
049. 汉赋经典
050. 唐宋八大家散文
051. 世说新语
052. 徐霞客游记
053. 牡丹亭
054. 西厢记
055. 聊斋
056. 最美的散文（世界卷）
057. 最美的散文（中国卷）
058. 朱自清散文
059. 最美的词
060. 最美的诗
061. 柳永·李清照词
062. 苏东坡·辛弃疾词
063. 人间词话
064. 李白·杜甫诗
065. 红楼梦诗词
066. 徐志摩的诗

067. 朝花夕拾
068. 呐喊
069. 彷徨
070. 野草集
071. 园丁集
072. 飞鸟集
073. 新月集
074. 罗马神话
075. 希腊神话
076. 失落的文明
077. 罗马文明
078. 希腊文明
079. 古埃及文明
080. 玛雅文明
081. 印度文明
082. 拜占庭文明
083. 巴比伦文明
084. 瓦尔登湖
085. 蒙田美文
086. 培根论说文集
087. 沉思录
088. 宽容
089. 人类的故事
090. 姓氏
091. 汉字
092. 茶道
093. 成语故事
094. 中华句典
095. 奇趣楹联
096. 中华书法
097. 中国建筑
098. 中国绘画
099. 中国文明考古

100. 中国国家地理
101. 中国文化与自然遗产
102. 世界文化与自然遗产
103. 西洋建筑
104. 西洋绘画
105. 世界文化常识
106. 中国文化常识
107. 中国历史年表
108. 老子的智慧
109. 三十六计的智慧
110. 孙子兵法的智慧
111. 优雅——格调
112. 致加西亚的信
113. 假如给我三天光明
114. 智慧书
115. 少年中国说
116. 长生殿
117. 格言联璧
118. 笠翁对韵
119. 列子
120. 墨子
121. 荀子
122. 包公案
123. 韩非子
124. 鬼谷子
125. 淮南子
126. 孔子家语
127. 老残游记
128. 彭公案
129. 笑林广记
130. 朱子家训
131. 诸葛亮兵法
132. 幼学琼林

133. 太平广记
134. 声律启蒙
135. 小窗幽记
136. 孽海花
137. 警世通言
138. 醒世恒言
139. 喻世明言
140. 初刻拍案惊奇
141. 二刻拍案惊奇
142. 容斋随笔
143. 桃花扇
144. 忠经
145. 围炉夜话
146. 贞观政要
147. 龙文鞭影
148. 颜氏家训
149. 六韬
150. 三略
151. 励志枕边书
152. 心态决定命运
153. 一分钟口才训练
154. 低调做人的艺术
155. 锻造你的核心竞争力：保证完成任务
156. 礼仪资本
157. 每天进步一点点
158. 让你与众不同的8种职场素质
159. 思路决定出路
160. 优雅——妆容
161. 细节决定成败
162. 跟卡耐基学当众讲话
163. 跟卡耐基学人际交往
164. 跟卡耐基学商务礼仪

165. 情商决定命运
166. 受益一生的职场寓言
167. 我能：最大化自己的8种方法
168. 性格决定命运
169. 一分钟习惯培养
170. 影响一生的财商
171. 在逆境中成功的14种思路
172. 责任胜于能力
173. 最伟大的励志经典
174. 卡耐基人性的优点
175. 卡耐基人性的弱点
176. 财富的密码
177. 青年女性要懂的人生道理
178. 倍受欢迎的说话方式
179. 开发大脑的经典思维游戏
180. 千万别和孩子这样说——好父母绝不对孩子说的40句话
181. 和孩子这样说话很有效——好父母常对孩子说的36句话
182. 心灵甘泉